ぞのさんっ
Zonosann

ぜんぶ
教えます！

ぞのさんっ

動画術

スマホ1つで、撮れる世界は無限大

JN248256

KADOKAWA

はじめに
人生にドラマが生まれる

いつも撮る写真を動画にして、思い出を素敵に残す

撮影は、友人とのいつもの"遊び"

　こんにちは。ショートムービークリエイターの、ぞのさんっです。今、ショートムービーが世界的に大きな注目を集めているのを知っていますか？　ショートムービーには、これまでの動画とはちがう魅力がたくさんあります。例えば、動画時間が短く、見どころもギュッと詰まっているので、忙しい視聴者にぴったり。撮る側にとっても、難しい編集は必要なく、手軽に作品を生み出せます。さらに、まだまだ成長中の映像ジャ

ショートムービーの世界

ちょっとの工夫で、まるでクリエイターの"作品"に

今からでも人気クリエーターになれる!?

ンルなので、人とちがう映像を発信すれば、今からでもトップクリエイターになれる可能性もあります！　この本を読めば、素敵な映像がつくれるようになりますので、ぜひ一度ショートムービーの世界に飛び込んでみてください。すぐに楽しさがわかるはずです。

ぞのさんっ

この本の流れ
型を知り、技を覚えて、

この本では、クリエイティブなショートムービーづくりを型、技、奥義、実践という4章で紹介します。

第1章
ショートムービーづくりの 型

▶▶ **まずは、基本メソッドを知る**

まずは、ショートムービーの特徴や撮影の流れ、初心者向けの取り組み方を紹介します。

通勤・通学だって映像の1コマ

ショートムービーづくりの基礎知識を知っておきましょう

旅行は絶好の撮影チャンス

第2章
ショートムービーづくりの 技

▶▶ **簡単なのに、いつもとちがう映像になる9の技**

撮影で使うカメラワークを技として紹介。後半は、シーン別にぞのさんっのショートムービーづくりのコツを解説。

簡単で効果的な撮影方法を9つの"技"として伝授

バズらせる奥義

第3章
ショートムービーづくりの奥義

▶▶ **せっかくつくるなら、バズらせたい!**

狙ってバズらせるためのアイデアや、制作体制などクリエイター向けの情報を大公開!

アイデアが固まったらいざ撮影!

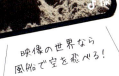

バズらせるために必要なノウハウを公開!

映像の世界なら風船で空を飛べる!

海と夕日は、絶好ロケーション

第4章
ショートムービーづくりの実践

▶▶ **ぞのさんの撮影現場に密着**

ショートムービーづくりの現場に同行し、構想から投稿までのリアルな様子をレポートします。

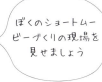

ぼくのショートムービーづくりの現場を見せましょう

スマホ1つで、撮れる世界は無限大

ぜんぶ教えます！
ぞのさんっ動画術

CONTENTS

はじめに

人生にドラマが生まれる
ショートムービーの世界 ································ 002

この本の流れ

型を知り、技を覚えて、バズらせる奥義 ················ 004

第1章

ショートムービーづくりの 型
まずは、基本メソッドを知る

型 01 世界的に急成長中！
ショートムービーはインターネット動画の新世界 ············· 012

型 02 どんな人でもクリエイティブを楽しめる
ショートムービーづくりの"型" ······················ 014

型 03 初心者でも簡単！
おさえてほしい3つの出発点 ························· 016

/COLUMN 01/ これだけで動画・写真のクオリティがUP!!
ぞのさんっ"三種の神器" ····················· 018

第2章

ショートムービーづくりの㊙

簡単なのに、いつもとちがう映像になる9の技

技の前に 00	"技"の前に装備を整える！ **ぼくが愛用するスマホ＆頼りになる設定**	020
技No. 01	まるで上昇気流にのるような浮遊感 **バルーン・ショット**	022
技No. 02	車のハンドルみたくスマホを回転 **ピンウィール・ショット**	024
技No. 03	2つの映像を超かっこよくつなげる **イージー・トランジション**	026
技No. 04	いつもの自撮りが超立体的に進化！ **自撮りスピン**	028
技No. 05	ちがう場所への瞬間移動を演出 **シェイク・テレポーテーション**	030
技No. 06	空中浮遊がスマホだけでできる **ドローン風ショット**	032
技No. 07	「寄り」「引き」で魅せるダイナミズム **スライド・フェードアウト**	034
技No. 08	くねくねと地面を這うように撮る **スネーキング**	036
技No. 09	白とび問題をアイデアに変えた妙技 **霧払い**	038
COLUMN 02	ぼくの"戦友"あああつしくんが広めた技 **サンライズ**	040
COLUMN 03	友人から「なにこれ、すごい」と話題に!! **"不思議写真"が撮れる静止画撮影テクニック**	042

シーンNo.01 フード＆ドリンク

「スネーキング」で躍動感ある映像に
豪華キャンプめし 046

調理の様子をわかりやすく紹介!
パティシエ風スイーツづくり 048

シーンNo.02 カップル＆フレンズ

遊びながら映像づくりを楽しもう
いきなりだけど「全員集合!」 050

恋人と一緒にいる甘酸っぱい気持ちを映像に
夏とあの子と、麦わら帽子 052

シーンNo.03 乗り物

1カット撮影が疾走感を生み出す
発車準備OK! 054

愛車の魅力を「回転」でアピール
いとしのマイカー 056

シーンNo.04 アイテム

シンプルな内容でバズった世界的ショートムービー
わたしの仕事風景 058

楽器と映像をコラボさせた青春の1コマ
海辺のギタリスト 060

シーンNo.05 旅行

指先だけで世界を変える!
閃光マジック 062

旅先の思い出でつくる1本の"動画アルバム"
ぐるぐる観光地 064

シーンNo.06 スポーツ

ローアングルでスポーツの迫力を魅せる!
バスケットボールプレイヤー 066

"生まれ変わったらボールだった"ショートムービー
ボール目線のスリリング野球 ……………… 068

/COLUMN 04/ よい撮影には気配りも大切!
友人と楽しく撮影をするコツ ……………… 070

第3章 ショートムービーづくりの奥義
せっかくつくるなら、バズらせたい!

奥義No. 01	~"バズる"動画を連発する~ 人気クリエイターを目指そう!	072
奥義No. 02	~バズる動画を"知る"~ いろいろな"世界"から学ぶ	076
奥義No. 03	~バズる動画を"考える"~ 動画の構成を練る	080
奥義No. 04	~バズる動画を"つくる"~ 演出や形式にこだわる	084
奥義No. 05	~バズる動画を"発信する"~ 投稿を続けることが大事	088
/COLUMN 05/	この動画で人生が変わった! 思い出深い"3本の動画"	092

第 **4** 章 ショートムービーづくりの 実 践
ぞのさんっの撮影現場に密着!

クリエイターならではのこだわりが!
01 プランニング ──────────────── 096

みんなでワイワイ楽しく撮るのがぞのさんっ流
02 下見～撮影 ──────────────── 098

撮影終了しても、タスクはいっぱい
03 編集・投稿 ──────────────── 104

特 別 対 談

ぞのさんっ×あああつし ショートムービーのクリエイティブと未来 ────── 106

STAFF
ブックデザイン:西垂水 敦+市川さつき (krran)
編集協力:ケイ・ライターズクラブ
DTP:高 八重子、加賀見 祥子
本文イラスト:齋藤 ひかり
撮影 (P2～3、P95～I05):平松 英明
協力 (P2～3、P95～I05):西村 純一、筒井 光
モデル:清水彩未 (カバー、P2～3、P95～I05)
カバー写真協力:チームラボプラネッツ TOKYO DMM.com
撮影協力:角川武蔵野ミュージアム

■本書で掲載している製品、アプリケーション(ソフトウェア) などは、2021年8月時点のものです。また紹介するURL(QRコード)などについて、事前の予告なしに変更される場合がありますのでご了承ください。

■本書に基づく運用によって生じたハードやソフトウェアの故障・破損、データの紛失などいかなるトラブルにつきましても、小社ならびに著者は一切の責任を負いかねます。とくに、動画撮影におけるスマートフォンの取り扱いには十分ご注意ください。

■本書内での動画撮影は特別な許可を得て行っております。個人で動画撮影する場合は、屋外屋内問わずその場所の管理者・運営者への了承を事前に得る、または定められた撮影ルールに従ってください。

第 1 章

▼まずは、基本メソッドを知る

ショートムービーづくりの型

第1章 ● ショートムービーづくりの型

型
01

世界的に急成長中!
ショートムービーは
インターネット動画の新世界

―「縦型で短い」だけではない、意外な魅力が!―

　この本に登場する"ショートムービー"って、どんな動画かわかりますか？ 映画の世界でショートムービーといえば「30分以内の映像作品」を意味しますが、ほかにもいくつかのニュアンスがあり、明確な定義はありません。ただしぼくを含め、**「動画共有サービス」に関わるクリエイターのなかでショートムービーといえば「15秒〜1分以下で、主にスマホで視聴する縦長の動画」**。現在、このショートムービーは、世界で注目を集めています。ショートムービーの動画共有サービスはTikTokが有名ですが、Instagramが「Reels（リール）」、YouTubeが「Shorts（ショート）」という専用のサービスを相次いでリリース。プラットフォームが広がり、視聴者や投稿者が急増しているのです。

　ショートムービーが注目されている理由は、「スキマ時間に気軽に見られる」ことに加え、従来の動画とは異なる魅力があること。例えば、"尺の短い動画"ですから、要点がまとまっていて、**効率的に情報収集ができたり**、言葉ではなく画だけでも内容が十分伝わるので、**世界中の動画を楽しめたりします。**つくる側にとっても、複雑な編集が不要で、編集なしの動画もあるなど、**投稿のハードルが低い**のです。また、"動画の視聴スタイル"にもちがいがあります。例えばYouTubeで通常の動画を見る場合、興味のある内容を検索しますが、ショートムービーはレコメンドされたものを見る人がほとんど。検索する手間が省け、人気の動画がレコメンドされるので、**「自分で検索したコンテンツ」だけにとらわれることなく、自然と興味の幅を広げられます。**ショートムービーは、視聴者と投稿者の両方に、これまでにない魅力があるのです。

01 ● ショートムービーはインターネット動画の新世界

巨大メディアが次々参入！

ぞのさんっ流 ショートムービーの定義

「15秒～1分以下の長さで、画角が縦長の動画」

＜代表的なプラットフォーム＞ ※詳しくはP75

TikTok
2016年頃サービスが始まり、日本では2018年頃から、学生を中心に流行。

YouTube「Shorts」
2020年9月に開始された、最大30秒の動画を投稿できる機能。現在、急速に拡大中。

Instagram「Reels」
2020年8月開始。15～30秒の動画が投稿されます。基本的な編集機能も完備。

ショートムービーの特徴や魅力

	近年の投稿型ネット動画	従来の投稿型ネット動画
内容	要点が凝縮されており、短時間で情報収集ができる	主流は5～10分程度の動画。最近では、倍速で視聴するユーザーが増加。
編集	しなくても問題はなく、発信しやすい	最後まで単調にならないようにするため、細かな編集が必須。とても時間がかかります。
言語	非言語で伝わるおもしろさがあり、世界に広がりやすい	映像のみで、最後までユーザーを引きつけるのは難しいので、言葉での説明も必要。
視聴スタイル	検索ではなく、レコメンドされたものを見るのが主流	検索して見る人がほとんど。興味のある動画は見られますが、徐々に飽きてくる人も。
ジャンル	ビジネスや教養など現在も広がっている最中	
画角	縦長は、人物に寄りやすく、迫力が出る	

ショートムービーはまだ成長中なので、今からはじめても、第一人者になれる可能性が！（詳しくはP76）

縦長の動画は、横長のものよりも宣伝の効果が高いというデータもあり、企業も注目しています！（詳しくはP86）

013

第1章 ● ショートムービーづくりの型

型 02

どんな人でも
クリエイティブを楽しめる
ショートムービーづくりの"型"

― すでにある映像のマネをして投稿するだけでOK ―

続いて、ショートムービーづくりの"型"、つまり、撮影してから投稿するまでの流れを紹介します。通常の動画であれば、**プランニングをして動画の内容を考え、小道具や撮影場所などを準備して、実際に撮影をし、最後に編集・投稿という流れが一般的**です。

ショートムービーも基本的には同じですが、一つひとつがとても簡単です。「プランニング」といっても難しいことはなく、TikTokなどに投稿された動画を見て、「やってみたい」というものを見つけておけばOK。小道具を使わない限り、「準備」はいらず、撮影に使うスマホがあれば問題ありません。あとは、友人たちと遊ぶ感覚で、撮ってみたいショートムービーのマネをしながら「撮影」するだけ。ただし、撮影では、熱中しすぎて周囲に迷惑をかけないよう注意しましょう。「編集・投稿」も、ショートムービーは短いので2～3カットを単純につなげるか、1カットで撮影すれば、そのまま投稿するだけ。

YouTubeなどの一般的な動画に比べ、**ショートムービーづくりは簡単に誰でも気軽に楽しめる**のです。

― クリエイターを目指すなら、ブラッシュアップを繰り返す ―

クリエイターも流れは基本的に同じですが、狙って再生数を増やすにはさまざまな戦略を練る必要があります。また、投稿して終わりではなく、再生回数やコメント数などの情報を分析することも重要です（詳しくは、「第3章 ショートムービーづくりの奥義（P71）」で紹介します）。

02 ●ショートムービーづくりの"型"

ショートムービーができるまで

	一般の人	クリエイター
プランニング 	動画を見て、「楽しそう」「やってみたい」ものをマネすれば、OK！	最後まで飽きさせないストーリーや見せ方などを考える必要があります（詳しくはP80）。
準備 	基本的になし **注意** 天気予報だけは見ておこう 準備というほどではありませんが、当日の天気は調べておくと◎。	撮影に合わせた機材や小道具を準備。また、撮影場所のリサーチや周辺スポットの研究も。
撮影 	やってみたい動画のように撮影するだけ！ **注意** やりすぎないよう注意 友人との撮影では、撮影への熱に差があると、モメる原因に。	撮影とチェックを繰り返し、納得のいく映像になるまで何度も撮影をします（詳しくはP98）。
編集・投稿 	1カットで撮影すれば編集なしで投稿可能	一般的な動画よりは簡単ですが、映像の魅力が100％伝わるよう編集します（詳しくはP104）。 *クリエイターは再生回数やコメントを分析し、再びプランニングへ*

第1章 ● ショートムービーづくりの型

初心者でも簡単!
おさえてほしい
3つの出発点

型 03

── 初心者は、内容or主役or場所が撮影の入り口 ──

　誰でも気軽につくれるショートムービーですが、最初は何からはじめたらいいのか戸惑ったり、撮影しても、いつも同じような映像になったりすることもあるでしょう。そんなときには、3つの出発点から選んでショートムービーづくりをスタートしてみてください。

　普段からショートムービーを見る人は、P14で紹介したように、**お気に入りの「コンテンツ」のマネをする**のが簡単です。TikTok には、流行の「メイク」や「料理」などをマネしたショートムービーがたくさん投稿されています。一方、お気に入りのものがなければ、**身の周りで動画の主役、"キラーカット"になりそうなものを探し、それを撮影したショートムービーのマネをする**のがおすすめです。例えば、「ペット」はキラーカットになりますし、ほかには「動きのある家電」などでもいいでしょう。3つめの出発点としては、お出かけの予定があれば、**その「スポット」をテーマにして撮影すること**。公園に行く予定があれば、草原で撮影した動画のマネをすれば OK です。ほかにも TikTok には遊園地や水族館の動画もたくさんあるので、参考にしてみてください。

── とにかく、まずは自宅で撮影してみること ──

　もう1つ、ぼくが初心者にすすめるショートムービーづくりのポイントは、まずは"自宅"で撮ってみること。自宅なら誰にも迷惑をかけませんし、よく探せば家のなかにはおもしろい映像の種が意外とたくさんあります。難しいことは考えず、「自分のルーティーン」や「動きのある家電」、「遊びに来た友人」などを撮影してみましょう。

016

ショートムービーづくりの3つの出発点

撮りたい内容から、撮影する動画を決める

コンテンツ スタート

ショートムービーではもっとも一般的。友人たちと一緒に、人気の動画のマネをして撮影すれば、楽しめて、思い出にもなります。

学校で友人と一緒に踊ってるやつ楽しそう!

主役となる被写体から内容を考える

キラーカット スタート

動画の主役となる対象物を決め、似ているショートムービーのマネをします。「かわいいもの」「珍しいもの」は主役になりやすいでしょう。

世界一かわいいうちの猫ちゃんをみんなに見せたい

場所に合わせて動画を撮影

スポット スタート

旅行やデートなどで訪れる予定のある場所から撮影する動画の内容を考える方法。どんな場所でも撮り方次第で、素敵な映像に仕上がります。

水族館デートの記念に動画を撮ってプレゼントしようか

ぞのさんっ流
初心者向けショートムービーづくりのポイント

POINT

迷ったら、まずは家のなかで撮影してみよう

撮って楽しむことが大事なので、まずは家のなかで普段の行動を撮影。場所は光の入りやすい窓付近や、高低差が表現できる階段などもおすすめ。

 例
- 毎日の弁当づくり
- 朝や夜のルーティーン
- 友人たちとの家飲み

017

COLUMN 01 これだけで動画・写真のクオリティがUP!!

ぞのさんっ"三種の神器"

— 100均で手に入るアイテムで見栄えが段ちがいに！—

　スマートフォン1台でできるショートムービーの撮影ですが、**身近なアイテムを使いこなせれば、クオリティがぐっとアップします。**
　ここでは、ぼくがこれまで使ったアイテムのなかで、特に便利で応用しやすい3つのアイテムを紹介。**どれも安価で入手しやすくて、持ち運びやすいので、**とりあえずバッグに忍ばせておけば、急な撮影になっても、おしゃれな動画や写真がさっと撮影できます！

この3つは持っておくと何かと便利！

＼どこでも「ウユニ塩湖」！／　＼電球に暖かな光が灯る／　＼不思議な世界へようこそ／

| 鏡（スマホ画面） | 電球 | フォトフレーム |

地面に鏡（スマホ画面）を置き、撮影用のスマホを、上下逆さまにして近づけます。

海辺や高所など、朝日・夕日がよく見える場所で使えば、簡単に撮影可能です！

砂浜などにフォトフレームを一定間隔に差し、縦一列に並べるだけで完成！

第2章

ショートムービーづくりの技

▼簡単なのに、いつもとちがう映像になる9の技

第2章 ● ショートムービーづくりの技

"技"の前に装備を整える!
ぼくが愛用するスマホ&
頼りになる設定

技の前に
00

― 最近のスマホカメラの性能はプロも太鼓判をおす ―

　次項からはじまる撮影の技を紹介する前に、実際にぼくが撮影で使用しているスマホや、カメラの設定を紹介します。スマホの機能を利用したり、細かな設定を変えたりするだけで、映像のクオリティが上がるので、参考にしてみてください。

　今のところ（2021年8月）、**ぼくが撮影を行うスマホは iPhone 12 Pro Max、カメラアプリは純正のもの**。最近のスマホに搭載されたカメラアプリは、露出やピントなどを制御するオート機能の精度が高く、難しい設定なしで、素敵なショートムービーが撮影できます。多くのクリエイターも認めるカメラ性能なので、こだわりがなければ、特別なカメラアプリは使いません。**設定で欠かせないのが、「グリッド線」という撮影時に水平の基準となる縦横の補助線**。撮影時には、画面を見ながら、グリッド線の"横線"と"地面や机"などのラインが平行になるよう調整します。グリッド線がないと、ゆがみが出て気持ちの悪い映像になるので、撮影時はグリッド線を出しましょう。

― 「超広角」は手ブレを0にする魔法の設定 ―

　搭載されているスマホは限られますが、もう1つの**おすすめの設定は「超広角」の画角**。ハイエンドな iPhone なら画角を、0.5（超広角）、1（標準）、2（望遠）から選べるので、0.5にしておきましょう。カメラを動かして撮影する際、「超広角」だと手ブレがほとんどなく、撮影しやすいはずです。（とはいえ、この本で紹介する技は「標準」でも撮影できます）

技を生かすスマホの設定

ぜひ使ってみて！
超広角

おおよそ2019年頃以降に発売されたスマホで、格安のものでなければ、超広角が使えます。

> **POINT!**
> 超広角なら、引きの映像でも、手ブレがほとんどなくなる！

映像のバランスを取る
グリッド線

撮影画面を9分割する縦横の線。撮影時、ほとんどのクリエイターはほぼ出しっ放しにしています。

純正のもので十分
カメラアプリ

エフェクトが必要な場合、TikTokなどのプラットフォーム側でも提供しているので、純正が◎。

> 明るさやピントはスマホ任せでOk

> **ちなみに……**
> **撮影する映像の画質**
> iPhoneの場合、データ容量をおさえたければ「HD/30fps」、きれいな映像にしたければ「4K/30fps」がおすすめ。ちなみにスピードの調整など、編集が必要なクリエイターは「4K/60fps」で撮影します。

第2章 ● ショートムービーづくりの技

技No. 01　まるで上昇気流にのるような浮遊感

本書にあるこの技を使ったショートムービー
▼
P66

バルーン・ショット

▶▶▶ DATA

難易度	★☆☆☆☆	シーン	自然
人数	1名〜	印象	ダイナミック

— ふわふわと浮かんでいく浮遊感を表現 —

　最初に紹介するのは、"スマホを下から上に持ち上げながら撮影する"だけのシンプルな技。撮影方法自体はとても簡単ですが、例えば、P23で紹介しているように花畑でこの技を使えば、植物の茎から葉、そして花へと視点が登っていく、ダイナミックな映像が撮影できます。

　この技は、カメラを下部から上部まで動かす幅が必要なので、主に**「ある程度、縦の長さがある」ものを被写体にするのがおすすめです。**P23では、たくさんの菜の花を被写体にしていますが、被写体は1つでも大丈夫です。

　技の方法としては、まずはカメラを上に向け、被写体の下部でスマホを構えます。この状態で撮影を開始し、スマホを真上に、一定の速度で持ち上げます。このとき、カメラが左右にはブレないよう注意しましょう。対象の上端まで来たら撮影終了。ポイントは「カメラと地面の角度」。**対象物の見え方によって角度を調整すると、映像にメリハリをつけることができます。**

　この技は、撮影中に映像が見られないので、変にブレていないかなど、撮影後にしっかりチェックしましょう。

01 ● バルーン・ショット

STEP 01　対象物の下部でカメラを準備

カメラを上に向けて、被写体の下部で構えます。被写体が複数なら、多くの被写体が映る場所を探し、1つなら、なるべくカメラと被写体を近づけましょう。

STEP 02　撮影をスタートし、ゆっくりと上昇

撮影を開始したら、カメラをゆっくりと真上に持ち上げます。編集の有無に関わらず、一定の速度で動かしてください。

STEP 03　対象物の上端に来たら撮影終了

対象物の上までカメラを持ち上げたら、終了です。カメラの角度によって対象物の映り方が異なるので、対象物によって角度を調整してください。

〈真下に向ける〉　〈斜めにする〉

カメラの角度で、被写体の映り具合が変わります。

この技で撮影したほかのショートムービーはコチラ

第2章 ● ショートムービーづくりの技

技No. **02** 車のハンドルみたくスマホを回転

本書にあるこの技を
使ったショートムービー
▼
P56、P60

ピンウィール・ショット

▶▶▶ DATA

| 難易度 | ★★☆☆☆ | シーン | 人物、屋外、屋内 |
| 人数 | 1名〜 | 印象 | ラグジュアリー |

― 被写体を際立てるグルグル映像 ―

　スマホを回転させながら撮影するというシンプルな技。あまり特徴のない被写体も、この技を使えば際立たせることができます。初心者は、"**奥行きがあって、なるべくシンメトリー（左右対象）な場所**"、かつ、まっすぐ歩く人など"**単純な動きの被写体**"でこの技を使うと、簡単に印象的な映像が撮れるはずです。

　撮影前に、映像で回転する角度を最大にするため、撮影で回転させる方向とは逆に、カメラをひねっておきます。

　撮影を開始したら、一定の速度でカメラを回転。ポイントは「常に被写体を中心に置くこと」と、「カメラの角度を被写体と平行に保って回転させること」。中心をキープするには、P21で紹介したグリッド線を活用しましょう。また、カメラが手前（自分の方向）などに傾くと映像がゆがんでしまうので、回転中は被写体と平行になるよう意識してください。最後は限界まで回したら撮影終了です。

　慣れていないとカメラを回転させる動きは大変に感じますが、何度か繰り返せば、スムーズに技が使えるようになります。**学校やオフィスの廊下など身近な場所の撮影にも有効**なので、挑戦してみてください。

STEP 01 回転方向と逆に手をひねって構える

回転角度を最大にするため、撮影中にカメラを回転する方向(この場合、時計回り)と逆にひねって(反時計周り)で準備。

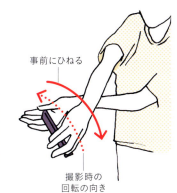

STEP 02 カメラを回転

撮影を開始し、グリッド線で被写体を中心に置くことと、被写体とカメラを平行にすることを意識して、カメラを回転。

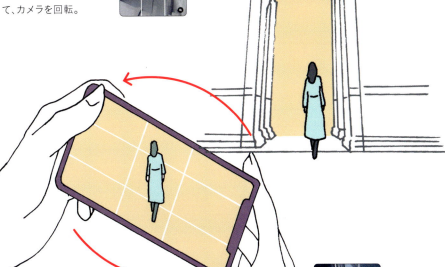

STEP 02 腕が回らなくなるまで回転させて終了

腕がそれ以上回らなくなるまで回転させたら撮影終了です。360〜370度くらいは回転できるはずです。

第2章 ●ショートムービーづくりの技

技No. **03** 2つの映像を超かっこよくつなげる

本書にあるこの技を使ったショートムービー
P48、P52

イージー・トランジション

▶▶▶ DATA

| 難易度 | ★★★☆☆ | シーン | 自然、屋外 |
| 人数 | 1名〜 | 印象 | シームレス |

― 映像切り替えのひと工夫でクオリティはアップ ―

　前で紹介した2つの技は、編集なしの1カットでも1つのショートムービーに仕上げられるものでしたが、この技は編集をすることが前提となります（といっても2つの映像をつなげるだけです）。

　簡単にいえば、**Aという映像の最後と、続くBという映像の最初の色味や動きなどをそろえてスムーズにつながるようにする技**です。この映像Aと映像Bを切り替えを一般的に「トランジション」といい、さまざまな方法がありますが、ここではもっとも簡単な「体」を使った方法を「イージー・トランジション」として紹介します。

　体を活用する場合、「腕」や「背中」が簡単です。まずは、映像Aの最後に、ある程度の引きの映像から、カメラを体の一部に近づけて寄っていきます。映像全体が同じ色味になるまで、体の一部に完全に寄り、映像Aの撮影は終了です。その後、映像Bの撮影に移ります。今度はAとは逆に、カメラが体の一部に寄った状態から、カメラを引いていきます。「体」を使う場合、**「カメラで寄った場所」が映像AとBでずれていたり、光が入って色味がちがったりすると、スムーズにつながらないので注意**しましょう。

026

03 ● イージー・トランジション

STEP 01 映像Aの撮影を開始

まず、映像Aでは体全体が見えるくらい引いた状態から撮影をスタートし、背中など体の一部に寄っていきます。

STEP 02 完全に体に寄りきる

映像全体が同じ色味になるよう完全に体へ寄ります。光などが入らないよう体の一部にカメラをくっつけてもOK。

STEP 03 映像BはAと逆に寄り→引き

映像Bでは、映像のAの「引き→寄り」の動きとは逆に、「寄り→引き」。その際、映像Aで寄った体の場所と同じ場所から引くこと。また、映像Aと同じスピードで動くとよりスムーズ。

この技で撮影したほかのショートムービーはコチラ

第2章 ●ショートムービーづくりの技

技No. **04** いつもの自撮りが超立体的に進化！

本書にあるこの技を使ったショートムービー
▼
P64

自撮りスピン

▶▶▶ DATA

難易度	★★☆☆☆	シーン	屋外、多人数、自然
人数	3名〜	印象	ハッピー

―― アレンジの可能性は無限大！――

　複数の観光地をめぐる旅行で使えるのが「自撮りスピン」です。**各スポットの楽しい思い出を、1本の動画アルバムのような形に仕上げる**ことができます。

　撮影方法はシンプルで、普通の自撮りと同じように自分のほうにカメラを向けた状態で構えます。その際、観光地などの背景がなるべくたくさん映るよう、できるだけ腕を伸ばしてください。その状態を維持したまま、180度くらい回転。回転の際は、腕だけを動かすのではなく体全体で回り、常に自分が正面になるように撮影するのがポイントです。また、フレームのなかで自分が常に同じ場所にくるようにするとスムーズにつながります。次の場所に移動し、同じ動きで撮影します。

　技自体はとても簡単ですが、撮影スポットを決めるほうが難しいかもしれません。**「にぎやか」「静か」「カラフル」「シンプル」「背景に人あり」「背景に人なし」など、異なる雰囲気の映像が3〜4つくらい組み合わさると、メリハリが出て楽しい映像になります。**

　アイデア次第で、いろいろな世界観の映像になる技なので、自由にアレンジしてみてください！

04 ● 自撮りスピン

STEP 01 普通の自撮りと同じように構える

写真での自撮りと同じように、自分のほうにカメラを向けて構えます。腕を伸ばしてしっかりと背景を入れましょう。

STEP 02 体ごと回転

自分の体ごと180度くらいゆっくりと回転。常に自分が正面から映るように意識。

STEP 03 次の場所も同様に撮影

別の場所でも同様に撮影。STEP2の映像と、自分が同じ場所にくるようにしましょう。

029

第2章 ●ショートムービーづくりの技

技No. **05** ちがう場所への瞬間移動を演出

本書にあるこの技を使ったショートムービー
▼
P102

シェイク・テレポーテーション

▶▶▶ DATA

| 難易度 | ★★☆☆☆ | シーン | 自然、屋内 |
| 人数 | 1名〜 | 印象 | ダイナミック |

── 2つの場所を瞬間移動させるトランジション ──

　カメラを素早くシェイクする(振る)ことにより、**ある場所から別の場所に一瞬でテレポーテーションしたかのような効果を生み出すトランジションの一種**です。対象物が上下に素早く動くので、ダイナミックな印象に仕上げることができます。「シェイク・テレポーテーション」は、撮影の動きが派手になることが多いため、いつの間にかぼくの代名詞的な技になりました(ぞのさんっのリアルなシェイク・テレポーテーションを見たい人はP102へ)。

　まずは、顔の前などでカメラを構えます。寄りの映像だと次の映像とうまくつながらないため、引きめで撮影をスタートしましょう。そこから、カメラを下方に動かします。動き出しのタイミングでは、カメラと対象物は平行になるように動かしてください。そして、だいたいひざくらいの高さになったら、一気にスピードをあげてカメラを下方に振りきりましょう。

　次の場所では、「前の場所での動き」に続く映像になるので、前と同じスピード、同じ軌道でカメラを動かすとスムーズにつながります。**初心者は前後の映像の色味をそろえるとつながりやすい**でしょう。

05 ● シェイク・テレポーテーション

STEP 01	顔くらいの高さで カメラを構える

カメラを顔の前くらいの高さに構え、撮影スタート。映像が寄りになりすぎないよう意識。

STEP 02	最初はゆっくりと カメラを下げる

動き出しから、カメラがひざくらいの高さになるまでは、対象物と平行にカメラを下げます。

STEP 03	素早くカメラを 振り切る

一気にスピードをあげてカメラを振りきり、最初の場所は撮影終了。次の場所では、STEP3で振り切ったスピード、軌道で撮影をはじめましょう。

この技で撮影したほかのショートムービーはコチラ

第2章 ●ショートムービーづくりの技

技No. 06 空中浮遊がスマホだけでできる

本書にあるこの技を使ったショートムービー
P68

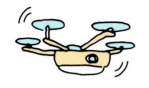

ドローン風ショット

▶▶▶ DATA

難易度	★★★★☆
人数	1名〜

シーン	自然
印象	ダイナミック

— うまくいけば高所の映像が！ただし失敗に注意 —

ここ数年で一般的になったドローン撮影。きれいな映像が好きな人はドローンで撮影してみたいと思うかもしれませんが、本物がなくても、スマホ1台で"それっぽい"映像を撮ることができます。

ただし、**この技は失敗するとスマホが地面に衝突し、壊してしまう恐れがあります。不安な人はP68で紹介する、物干し竿などにスマホをつける方法を参考にしてください。**

方法自体はとても簡単です。カメラを下から構え、トスする感覚で真上に投げます。空中で、スマホがゆっくり1回転するくらいを目安にすると、きれいな映像が撮影できます。ただし、回転を意識しすぎると、余計に回転してしまう可能性があるので、押し上げる感覚で投げるのがポイントです。縦回転にするか横回転にするかはロケーションに合わせて調整しましょう。

最後は落ちてきたスマホを両手でしっかりキャッチして終了です。撮影場所としては、花畑や草原など、なるべく広い場所がおすすめです。

繰り返しになりますが、**スマホが壊れると困る人や、キャッチに自信がない人などは、カメラに棒などをつけて安全に撮影をしてください。**

06 ● ドローン風ショット

STEP 01 カメラを下から構える

カメラを下から構えた状態で準備。花畑や草原など広い場所で撮影するのがおすすめです。

STEP 02 真上にトスする感覚で投げる

撮影を開始したら、トスする感覚で、真上にスマホを押し上げます。投げる際には、カメラの回転は意識しないほうがうまくいくでしょう。

STEP 03 しっかりとキャッチして終了

スマホをキャッチして撮影終了。うまく撮れているか確認しましょう。

\ Catch! /

この技で撮影した
ショートムービーはコチラ

033

第2章 ●ショートムービーづくりの技

技No. **07** 「寄り」「引き」で魅せるダイナミズム

本書にあるこの技を使ったショートムービー
P48、P58
P60

スライド・フェードアウト

▶▶▶ DATA

| 難易度 | ★★☆☆☆ | シーン | 室内、アイテム |
| 人数 | 1名〜 | 印象 | スタイリッシュ |

― 「寄り」「引き」でみせる直線的な動き ―

　スマホをスライドすることで、**被写体のイメージを強調する「寄り」や、全体を説明する「引き」の移行をスムーズに表現できる技**。机や床など、水平面がある場所ならどこでも使えます。

　撮影方法は、カメラを下にし、スマホを水平面にくっつけた状態からスタート。スマホをスライドさせる際は、「ローアングルドリー」というタイヤ付きの三脚をつけたり、なければ水平面にタオルを敷くとなめらかに動かすことができます。撮影を開始したらスマホをまっすぐにスライド。動きとしては、特に終わりはありませんので、自分の撮影したい対象が映像から消えれば、撮影終了です。

　この技のポイントは、**接地面をしっかり見せること**。それにより、映像の水平を見せることができ、映像のバランスがよくなります。また、スライドする際のスマホの角度は、対象物や映像の内容によって異なりますが、**初心者は背景が映りやすくなるよう少しあおり気味にする**のがおすすめです。

　スライドの方向は、縦横斜めのどれでも行えますので、対象物に合わせて調整しながら撮影しましょう。

034

07 ● スライド・フェードアウト

STEP 01 カメラを下にしてスマホを構える

カメラを下にした状態で、スマホを水平面に密着させます。この場合、寄りの映像からスタート。

STEP 02 スマホをゆっくりとスライドさせる

一定の速度でスマホをスライドさせていきます。対象物に多少の動きがあると◎。

STEP 03 映像内容に合わせて撮影終了

この映像の場合は対象物から引ききったら、撮影終了。

この技で撮影したほかのショートムービーはコチラ

035

第 2 章 ● ショートムービーづくりの技

技 No. 08　くねくねと地面を這うように撮る

本書にあるこの技を使ったショートムービー
P46、P50
P54、P66

スネーキング

▶▶▶ DATA

| 難易度 | ★★★★★ |
| 人数 | 1名〜 |

| シーン | スポーツ、アイテム |
| 印象 | ストーリー |

― 上級者向けのヘビの動き ―

　被写体の間をヘビのようにカメラを動かし、臨場感のある映像を撮影する技。ぼくが得意としている技の1つで、撮影でも頻繁に使っているテクニックです。被写体が動いていても、止まっていても使えますが、動いていると「対象物との距離」や「動きのタイミング」まで考える必要があるので、初心者は止まっているものを撮るのがおすすめです。今回は止まっている場合の方法を紹介します。

　撮影は、ある程度引きの映像からスタートし、そこからスマホを曲線的に動かします。ポイントは、**映像の主役になる対象物には素早く寄ったり、それ以外の対象物はゆっくり引くなど対象物によって緩急をつけること**。また、**スマホの角度を微妙に上に向けたり、下に向けたり、横に回転させるなど三次元的な動きもつけることも重要**です。そして、対象物がなくなれば撮影終了。技の名前の通り、ヘビのようにネットリとした動きを意識するといいでしょう。

　最初はちょっと難しいかもしれませんが、うまくいけば、**自然と映像のメリハリとストーリー感を出すことができる**技なので、ぜひ試してみてください。

08 ● スネーキング

STEP 01
**引きめの映像から
スタート**

まずは引きめの映像からスタートし、曲線的にカメラを動かします。若干あおり気味にスマホを傾けています。

STEP 02
**主役となる
被写体に寄る**

下写真のアクアパッツァのように、映像の主役にしっかりと寄ること。スマホの角度は少し俯瞰気味。

STEP 03
**対象物が
なくなれば終了**

この場合、テーブルの最後まできたら撮影終了。下の写真は、スマホを横に回転させています。

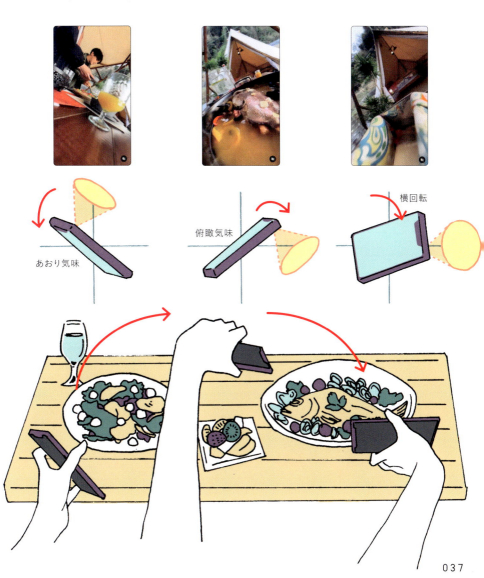

037

第2章 ●ショートムービーづくりの技

技No. **09** 白とび問題をアイデアに変えた妙技

本書にあるこの技を使ったショートムービー
▼
P62

霧払い

▶▶▶ DATA

| 難易度 | ★★☆☆☆ | シーン | 自然、屋内 |
| 人数 | 1名〜 | 印象 | サプライズ |

― スマホカメラのオート調整機能を活用 ―

　カメラアプリの自動明るさ調整機能を生かした「霧払い」は、スマホをまったく動かさなくても使える技。動画の撮影中に設定を調整することで、**何もしていないのに雰囲気が大きく変わったような映像が撮影できます**。屋外でサプライズ感を出したいときにおすすめです。

　まず、撮影前に明るさを最大まで上げて、画面が白とびした状態に設定します。iPhoneの場合は、被写体をタップしてピントを合わせます。次に、画面を指で上方にスライドすると画面全体が徐々に明るくなるので、最大まで明るくして画面を白とびさせたら、撮影スタート。被写体が合図を出したら、画面内のもっとも明るい場所をタップします。すると、スマホの機能で自動的に明るさが切り替わり、白とびしていた部分の映像が浮かび上がります。

　P39で紹介している映像では、**指パッチンの合図をきかっけに東京タワーが浮かび上がってくるように見える**でしょう。

　ほとんどすべてのスマホについている機能を使うだけでできる簡単な技なので、注意点はあまりありませんが、なるべく明るさに差がある場所で撮影するとうまくいくでしょう。

09 ● 霧払い

STEP 01　画面を最大まで明るくして撮影スタート

被写体にタップしてピントを合わせたら、指で画面を上方にスライド。最大まで明るくして撮影スタート。

STEP 02　被写体が合図

撮影する側は特にすることはありませんが、被写体がなにかしらの合図を出します。

STEP 03　STEP1以外の部分をタッチ

合図に合わせて、画面のもっとも明るい場所をタップします。すると自動で明るさの設定が変わり、白とびしていた部分（この場合は東京タワー）が映ります。

この技で撮影したショートムービーはコチラ

039

COLUMN 02

ぼくの"戦友"あああつしくんが広めた技

技　ピントの切り替えが不思議な映像に

サンライズ

▶▶▶ DATA

| 難易度 | ★☆☆☆☆ | シーン | 自然 |
| 人数 | 1名〜 | 印象 | スタイリッシュ |

― 地面からスマホを起こすようにして撮影 ―

「サンライズ」は友人のクリエイターである、あああつしくんが広めた技（ちなみに、あああつしくんはこの本のP106の対談で登場しています）。特に必要なアイテムもなく、どこでも簡単に撮影できるので、ぜひ取り組んでみてください。

　まず、カメラを下にして地面にスマホを立てます。その際、若干地面のほうにスマホを傾け、ピントは地面に合わせましょう。カメラを下にすることで、地面と空が大きく切り替わるダイナミックな映像になります。被写体が遠ざかっていくのに合わせて、少しずつスマホをおこしていきます。そのまま空の方向までスマホを傾け、画面の8割程度が空になったら撮影終了です。

　最初は地面にピントが合っていますが、徐々に空にピントが合い、不思議な印象の映像になります。

　ポイントは、地面との水平を意識することと、被写体が画面の中央にくるようにすること。そのためには、グリッド線を出して撮影するといいでしょう。

STEP 01　カメラを下にして地面にスマホを立てる

スマホはカメラを下にして、地面に接地させるか少し浮かした状態でセット。グリッド線を出して水平になっていることを確認しましょう。

STEP 02　少しずつ、スマホをおこす

カメラを少しずつおこしていきます。被写体は、画面の真ん中になるように動かしましょう。

STEP 03　画面のなかで空が大きくなったら終了

そのままスマホを起こし、画面のなかで空の面積が8割程度になったら撮影終了です。

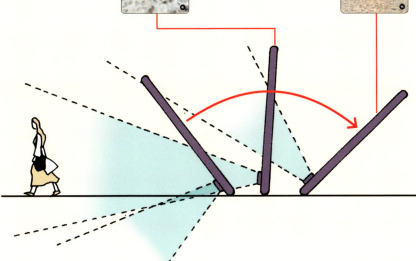

COLUMN 03

友人から「なにこれ、すごい」と話題に!!

"不思議写真"が撮れる
静止画撮影テクニック

― 簡単なのはショートムービーだけじゃない! ―

　第2章の前半では、ショートムービー撮影のための"技"を紹介してきましたが、実は「写真」を撮るための"技"も日々考えています。写真は動画とちがい、動きのおもしろさや、ストーリーを伝えづらいので、特に**「構図」**や**「世界観」**を工夫して、おどろきや意外性のあるビジュアルにしようと意識しています。その分、一度撮り方のアイデアをつかんでしまえば、さまざまな場所で応用できるのが楽しいところです。

　今回紹介する**「逆さま&逆光」**や**「スマホ越しポートレート」「霧吹きでファンタジック」**は、ぼくが投稿動画で紹介したテクニックのなかでも、特に人気だったもの。ぜひ普段の撮影でも使って挑戦してみてください! うまく撮れたら、SNSなどで発信して、友人から「いいね!」をたくさんもらえるはずです。

写真も基本的にはスマホ1台でOk!

写真撮影のポイント

機材	スマホ1台でOK!
機能	ポートレートモードやパノラマ機能を使えば、より"プロっぽい"写真に
見せ方	世界観、構図を重視し見たときのおどろき・意外性を演出

写真の技① 逆さま&逆光

▶▶▶ DATA

難易度	★☆☆☆☆
人数	2名〜

シーン	奥行きのある道、自然
印象	季節感、エモい

スマートフォンを逆さまにして、逆光を生かして撮るだけで、季節感やエモさが生まれるお手軽テクニック！ ポイントは**人物を画面の中央に小さめにとらえ、対象物をシルエットにすること**。それにより、物語の1コマのような、新鮮なビジュアルの写真になります。

STEP 01 逆光の場所を探す

逆光で、奥行きがあるロケーションが、構図も決まりやすくおすすめです。ぼくが普段撮影するときは、公園にある階段や、川沿いのまっすぐの道で撮影しています。

POINT!
逆光にならないときは、カメラアプリの明るさを落とせばOK！

完成！

STEP 02 スマホを逆さまにする

場所や構図が決まったら、**スマホを逆さまにして**撮影するだけ。スマホを逆さまにすることで、自然と見上げるような写真になり、迫力が増します。

くわしい撮影方法はコチラから

撮影方法はシンプルでも夏を感じる爽やかな写真に！

043

COLUMN
03

写真の技 ②

スマホ越しポートレート

▶▶▶ DATA

難易度	★★★☆☆
人数	2〜3名（1人は撮影役）

シーン	旅行先など
印象	おしゃれ

　旅行中に美しい風景や素敵な建物を見かけたとき、ついつい自撮りをして、家族や友人に見せたくなりませんか。そんなときに使えるのがこの技。友人と**自撮り写真をスマホ画面越しに撮影することで**、いつもとはひと味ちがう、おしゃれな「自撮り風」写真が撮れてしまいます。

STEP 01　まずは普通に自撮り

画面のなかに写す自撮り写真を用意。画面のなかとはいっても、実際にはっきり見えるのはこちらなので、表情や角度などにこだわって、撮影しましょう！

画面のなかの二重構造でとってもおしゃれ！

STEP 02　スマホの画面越しに撮影

スマホの画面にSTEP①の自撮り写真を写した状態で撮影。ポートレートモードを使用することで、背景の2人がほどよくぼやけます。

POINT!
撮影者が反射で写り込んでしまわない位置を意識しよう！

くわしい撮影方法はコチラから

完成！

写真の技 ③

霧吹きで
ファンタジック

▶▶▶ DATA

| 難易度 | ★★★★★ | シーン | 自宅内 |
| 人数 | 1名 | 印象 | 幻想的 |

　最後に紹介するのは、霧吹きを使ったマジックのような撮影方法。紙を好きな形に切り抜き、鏡に紙を当てて、霧吹きで水滴を噴射します。フラッシュをONにして撮影すると、**まるで空中に光のマークが浮かび上がるかのような幻想的な写真**が撮れます！

STEP 01　鏡に水滴を吹き付ける

好きな形（今回はハート）を切り抜いた紙を鏡に当て、霧吹きで水滴を吹き付けます。時間をかけると、水滴がこぼれてきたり、紙がやぶれてきてしまうので注意！

STEP 02　フラッシュをONにして撮影

水滴がうまく鏡についたら、フラッシュをONにして撮影！　下に手を添えるなどポーズも工夫しましょう。

完成！

**自分なりの世界観で
不思議な写真を
撮ろう！**

くわしい
撮影方法は
コチラから

番外編
スマホレンズに霧吹きをかければ、画面に水玉模様が出現！

045

シーンNo.1
フード&ドリンク

ここからは、この本に登場した技を使って撮影した動画の"流れやコツ"をご紹介。まずは食べ物をテーマにした動画から!

使う技	・スネーキング
難易度	★☆☆☆☆

「スネーキング」で躍動感ある映像に
豪華キャンプめし

STEP 01 撮影ルートを意識し、「寄り」「引き」を繰り返す

技 P36
スネーキング

料理の間をぬうようにカメラを動かすことで、臨場感のある映像になります。

--- 映像の主役を決め、「スネーキング」で撮影 ---

　この動画は、仲のよい友人たちと訪れたキャンプで、テーブルに並んだ料理の上を1カットで流れるように撮影したもの。こうした複数の料理を同時に撮影する際のコツは、**①キラーカット（P16）や撮影ルートの決め方と、②スマホの動かし方にあります。**

　撮影前にまず、全体の撮影順や「寄りで大きく強調したいもの」をざっとイメージします。特に、「カラフルなもの」「高さがあるもの」「形

046

01 ● フード&ドリンク／豪華キャンプめし

STEP 02　キラーカットはゆっくり、そして大胆に寄って存在感をアピール

キラーカットのアクアパッツァには大胆に寄ります。また、スマホの動きも、少しゆっくりにすることで、見ている人にキラーカットを印象付けます。

いよいよ主役が登場！

POINT!
キラーカット＝「動画の主役」を意識。しっかり寄って、時間をかけて見せる！

STEP 03　最後はテーブルから離れ、自然に終了

いくつかの料理を撮る場合、最後は料理のあるテーブルから離れた映像を見せることで、動画の終了を自然に表現できます。

「寄り」「引き」とうねり、スピードの緩急を意識してメリハリのある映像をつくろう！

がおもしろいもの」など、料理のなかで一番映えるものを主役に選びましょう。この動画の場合、丸々1匹の魚の形が見えるアクアパッツァを主役にしました。**キラーカットを決めたら、そこから逆算して料理や飲み物の配置を調整する**と、動画全体に流れが生まれます。

　撮影を開始したら、スマホは「大げさかな」と思うくらい「寄り」「引き」どちらも大きく動かします。スピードの緩急も意識して、映像にメリハリをつけましょう。スネーキングの"うねり"を生かせば、より躍動感が出て、臨場感のある映像になります。

047

| シーンNo.1 | フード&ドリンク |

使う技
・スライド・フェードアウト
・イージー・トランジション

難易度
★★★☆☆

調理の様子をわかりやすく紹介!

パティシエ風スイーツづくり

STEP 01 「寄り」「引き」で調理の様子をダイジェスト形式で紹介する

技 P26 イージー・トランジション

スライド・フェードアウト
技 P34

同じシーンが続いている印象にならないように、角度や「寄り」「引き」の大きさを変えましょう。

各工程で繰り返して調理工程をテンポよく紹介!

―― 「寄り」「引き」とライティングの工夫で変化をつける ――

　お菓子づくりなど調理の様子を見せる動画では、「材料を混ぜる」「粉をふるう」「完成したものを切る」など、**手順ごとに1カットずつ撮る**ことがポイント。こうすると、自然と「下ごしらえ→調理→完成」までの動画のストーリーが生まれます。ショートムービーであれば、動きの大きな手順に絞ると、短時間のなかで躍動感のある動画になるでしょう。

　この動画では、チョコレートケーキづくりの流れのなかで「チョコ

01 ● フード&ドリンク／パティシエ風スイーツづくり

STEP 02　砂糖や粉を振り 粉雪が舞うような幻想的なシーンに

キラーカットとなる、砂糖が粉雪のように舞う幻想的なシーン。撮影するときは、カメラの上にラップをかけてから砂糖を振りかけると、後片付けも楽になります。

山場を越えたら、客観的に完成品を見せよう！

STEP 03　最後は主役のケーキを しっかり映す

POINT!
ラストカットは引き気味に

動きのあるカットが続くので、最後は斜め〜真上から撮影して、全体像を見せます。ケーキなど形状がある程度決まっているものは、真上から見せるだけで特徴的な映像に！

レートを混ぜる」「型に入れる」など6つの手順を見せています。撮り方のポイントとしては、調理工程を紹介するために、**対象物への「寄り」「引き」する際、真上や斜め、真横など、毎回角度に変化をつけていること**です。同じ角度の動きばかりだと、映像が単調になるので、「寄り」「引き」を繰り返すときには、角度を変えるのがおすすめです。

　もうひとつの隠れた工夫が、室内の照明を落とし、手元や材料に当てているスポットライト。食べものを撮影するときは、**対象物や手元を明るくするライティングを意識**すると、高級感のある映像になります。

049

シーンNo.2
カップル&フレンズ

恋人や友人とお出かけしたときなど、気の置けない仲間と楽しみながら撮影できる動画を紹介します。

使う技
・スネーキング

難易度
★★☆☆☆

遊びながら映像づくりを楽しもう
いきなりだけど「全員集合！」

STEP 01　まずは、1人で歩く主人公のみを撮影

技 P36
スネーキング

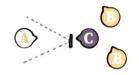

最初は主人公1人だけが歩いているシーンからスタートします。撮影者とそのほかの登場人物は固まって移動。

主人公以外誰もいないように見せることで後半をより印象的に！

コツはタイミングを合わせることと楽しむこと

「全員集合！」は、主人公（A）とその他の登場人物（B）、撮影者（C）の3つの役割が息を合わせて撮影するショートムービー。複雑な動きをしているように見えますが、使う技はスネーキングのみ。**チームワークが大事なので、友人との"遊び"の1つとして挑戦してみましょう。**

　まずは、まっすぐ歩く（A）の1ショットからスタート。（A）の周りをぐるりと回りながら撮影していきます。（A）以外は、映像内に映ら

02 ● カップル＆フレンズ／いきなりだけど「全員集合！」

STEP 02　撮影者とそのほかの登場人物は主人公の周りを移動

主人公を囲むように移動します。最後のシーンで全員が入るように撮影者は主人公から少し距離を取りましょう。

全員がそろったら、一気にみんなでJUMP

STEP 03　最後は全員でポーズをそろえる

POINT!
決めポーズと、スマホを下げるタイミングを合わせる

最後は、全員が笑顔でジャンプしてしめくくると、楽しい作品になります。ジャンプと、撮影者がスマホを移動するタイミングを合わせることが大事。

ないよう、（C）の後ろ側にかくれています。（B）は、（A）の背中あたりにきたら、（A）の後ろにまわり、（C）と離れます。（C）が（A）の前に回り込んだら、いよいよ全員集合！ **最後は全員でジャンプなど決めポーズをするとより楽しめる**でしょう。コツは、声を掛けて全員のタイミングを合わせること。楽しみながらやれば、笑顔があふれる素敵な映像になります。また、全員集合の前に、一瞬カメラを上方にふり、決めポーズとともに下げれば、いつの間にか全員が集合したような映像になり、キラーカットを自然に印象づけることができるでしょう。

051

シーンNo.2 カップル&フレンズ

使う技	恋人と一緒にいる甘酸っぱい気持ちを映像に
・イージー・トランジション	**夏とあの子と、麦わら帽子**
難易度 ★★★★☆	

STEP 01　地面にスマホを置き、麦わら帽子を上に投げる

スマホを置く

カメラを上にしてスマホを地面に置き、麦わら帽子を真上に投げます。スマホに着地したら成功！

麦わら帽子のアップで自然なつなぎに！

技 P26 イージー・トランジション

スマホの上に落ちた帽子　手に持った帽子

― 麦わら帽子でつなぎ、後半は徐々にスケールアップ ―

　カップルがデートで公園などに行った際、遊びの1つとして動画を撮ることもありますよね。そんなとき、彼女が「麦わら帽子」を身に着けていたら、実はそれだけでこの動画の撮影準備はできています。

　この撮影の一番のポイントは、**"カメラのレンズの上に落ちてくるよう"に、麦わら帽子などの小道具を上方に放り投げること**。映像がうまくつながりそうか、確認しながら撮影しましょう。フレームの全面に麦

052

02 ● カップル&フレンズ／夏とあの子と、麦わら帽子

STEP 02　麦わら帽子のアップから少しずつ引いて、青い空へ

麦わら帽子と女性の「寄り」から入り、徐々に夏空や夕日を写して、スケールをどんどん大きくしていきます。

POINT!
後半に風景を入れるとエモさ倍増

STEP 03　最後のカットは、情緒的な雰囲気に

「引き」の流れを意識して、最後は空の方が大きく

ラストは、夕日をバックにした女性を下からあおって撮影することで、より情緒的な映像に。

わら帽子が映れば成功です。麦わら帽子以外でも、ストールやマフラーなどにアレンジするのもおすすめです。次のカットは、前のカットの"スマホ上に落ちた全面の麦わら帽子"に合わせ、麦わら帽子の「寄り」からはじめることで、自然とシーンをつなぐことができるのです。

　後半のポイントは、**「麦わら帽子→人物→空」へと、映像の主役をスケールアップさせていくこと**。最後はモデルからかなり引いた映像にして、メリハリをつけています。また、できれば**夕日で撮影する**と、それだけでエモーショナルな映像に仕上がります。

シーンNo.3 乗り物

乗り物をテーマにしたショートムービーは、「運転手」と「乗り物のボディ」を主役にした、2つのパターンを紹介します。

使う技
・スネーキング

難易度
★★★☆☆

1カット撮影が疾走感を生み出す
発車準備OK！

STEP 01 「寄り」「引き」で、"発車する前の動き"を見せる

アーチを描くように撮影すると画面の動きに奥行きが出ます

技 P36
スネーキング

「シートベルトをつける」から始まり、5つの動作を「寄って引いて」撮影。「スネーキング」でメリハリを意識。

「スネーキング」と「寄り」「引き」を足して映像に変化を出す

　このショートムービーは、「運転手がシートベルトをつけてから発車するまで」を1カットで撮影したもの。シンプルな映像ながら、**運転手の細かい動きに合わせて、「寄り」「引き」を繰り返すことで、一つひとつの動作がしっかり印象に残るよう工夫しています。**

　映像は、①シートベルトをつける、②エンジンをかける、③バックミラーを調整する、④シフトレバーをドライブに入れる、⑤ハンドルを握

03 ● 乗り物／発車準備OK！

STEP 02　「引き」ながら車外の人にスマホを手渡す

POINT!
スマホリレーのときは手ブレに注意

運転手から引いていく流れのなかで、車外のメンバーにスマホを渡します。こうすることで、スムーズに車外の映像に切り替えることができます。

STEP 03　ラストカットで車の疾走感を演出

前半の手元の動きと後半の走り去る車のギャップで印象的に

ラストカットは、疾走していく車。ここではスマホを固定して撮影すると、車内での動きのあるカットや車の疾走感と対比ができます。

るという5つの手順を順番に表現。そのあと、⑥発車、⑦車外から車を見る、という流れで徐々にと運転手から離れていきます。

　撮影の際は、「何をしているのか」がはっきり伝わるよう、運転手の動きは普段よりも大げさにしたほうがよいでしょう。ポイントは、**「スネーキング」を使いながら「寄り」「引き」をすること**。直線的な動きで「寄り」「引き」をすると、おもしろみがなくなってしまいます。アーチを描くように、山なりにスマホを動かすことを意識しましょう。映像にメリハリがついて、躍動感のある映像になります。

| シーンNo.3 乗り物 |

使う技
・ピンウィール・ショット

難易度
★★★☆☆

愛車の魅力を「回転」でアピール
いとしのマイカー

STEP 01　ローアングルで撮影スタート

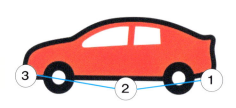

②で車体の寄りを際立たせるため、最初と最後は車全体を映した引きめの映像にすると、動画全体のストーリーがわかりやすくなります。

POINT!
車体の半分が見える画角から開始

─── スマホを回転させて車をカッコよく撮影する ───

　この動画のテーマは、「何もしなくてもカッコいいスポーツカーを、さらにカッコよく撮影する」こと。映像の内容は、車の外観を1カットで撮影しただけですが、**「ピンウィール・ショット」を使って、流線型のボディの美しい形状を強調**しています。

　撮影の流れとしては、車の後部から撮影をスタート。後部からはじめるのは、**車の全体像（正面）を最後に見せて、映像にストーリー感を出**

03 ◆ 乗り物／いとしのマイカー

STEP 02　スマホを回転させながら車体の横を移動

ピンウィール・ショット　技 P24

POINT!
水平をキープし、撮影対象が画面の中心に来るように

スマホを回転させながら撮影しましょう。画面が反転するタイミングは寄りの画にして、常に撮影対象が画面の中心になるように意識します。

単純な「寄り」「引き」に回転を加えることで、複雑なカメラワークに

STEP 03　ラストカットは、車全体を映す

車全体を撮影して終了。車の横を移動しただけのように見えますが、移動の速度やスマホの回し方、「寄り」「引き」の仕方など、意外と細かな調整が必要です。

　すため。車のボディに沿って移動しながら撮影し、「ピンウィール・ショット」でスマホをひねりつつ、「寄り」「引き」も同時に行います。車の前面に来たら、全体像を映して終了です。

　意識するポイントは、「ピンウィール・ショット」で、**映像の上下が反対になるタイミング。その瞬間がもっとも印象的な映像になるので、車の外観で一番映したい場所を合わせる**ようにするのがおすすめです。また、隠れたテクニックとして、なるべくローアングルであおるように撮影することも、カッコいい映像に仕上げるポイントです。

057

シーンNo.4	身近なグッズでも、撮影方法を工夫すれば非日常感を演出する小道具に。パソコンとギターを使ったショートムービーを紹介します。
アイテム	

使う技
・スライド・フェードアウト

難易度
★☆☆☆☆

シンプルな内容でバズった世界的ショートムービー

わたしの仕事風景

STEP 01　ノートパソコンとスマホを横に並走させる

技 P34
スライドフェードアウト(横)

POINT!
タオルでスマホを固定する

最初のカットは、スマホを横に移動。タオルでスマホを固定すると、スライドしやすいです。

── 縦・横のスライド＋斜めの動きのシンプルな構成 ──

　パソコンとテーブル、タオルというどんな家にもあるアイテムを使い、「スライド・フェードアウト」のみで撮影したショートムービー。ぼくが投稿した映像のなかでも、かなりバズった作品です。

　映像の内容は、①ノートパソコンを持って歩く、②ノートパソコンを開く、③キーボードを打つという3つのカット。どのカットも「スライド・フェードアウト」を使っています。ただし、**スマホの動きを横、縦、**

04 ● アイテム／わたしの仕事風景

STEP 02　縦のスライドは、パソコンを開く動きに合わせて

技 P34
スライドフェードアウト（縦）

POINT!
メインカットはスローで撮影

1つめのカットが横移動だったので、今度は縦方向に移動。画面の奥行きを広げていくイメージです。

STEP 03　スマホを傾けながら、キーボードの上を移動

POINT!
奥にインテリアを配置して、遠近感を演出

最後はスマホを斜めにして、手前に引きます。実は、パソコンの背後にあるライトも、スタイリッシュな映像に仕上げるポイント。

パソコンの画面とライトの明かりでおしゃれ度がアップ！

　斜めと変えることで、限られたスペースのなかでも映像に変化をつけています。また、**カットのつなぎ目は素早く、ノートパソコンはゆっくり見せるという緩急をつけ、メリハリも意識**。スピードの緩急は、編集時にスピード変更して行うと簡単でしょう。

　動画を見るとわかりますが、撮影のポイントは、①と②のカットは、タオルの上にスマホを固定し、すべりやすくしていること。さらに、**室内をやや暗めにし、手元やパソコンだけに照明を当て、スタイリッシュな雰囲気**に仕上げています。

> シーンNo.4 アイテム

使う技
・ピンウィール・ショット
・スライド・フェードアウト

難易度
★★★★☆

楽器と映像をコラボさせた青春の1コマ
海辺のギタリスト

STEP 01　先に全体像を見せてから、チューニングしている手元に寄る

まずは、「海辺にギターを持つ男性がいる」というシチュエーションを引きの映像で見せる。

その後、ピンウィール・ショットでチューニングの手元に寄ります。

ピンウィール・ショット 技 P24

── ギターの内部から外を見たレアな映像が主役 ──

"海辺でギターをつま弾く"というある意味ベタなシチュエーションの動画。青春ドラマの1コマのような様子を1本の動画に仕立てています。流れとしては、海辺でたたずむ男性がチューニングをしてギターを弾き、最後はギターの内部から外を見た印象的な映像で終わります。
「ギターを持った男性がチューニングをする」という2カットの前半部は、**背中越しの男性の引きの映像から、「ピンウィール・ショット」で**

04 ● アイテム／海辺のギタリスト

STEP 02　弦に沿ってスマホを直線的にすべらせる

POINT! 直線を表現するにはまっすぐに移動

ここは直線の動き。ギターのネックに沿うようにして、スマホを徐々にギターのヘッド側へ移動させます。

技 P34 スライド・フェードアウト

ギターと演奏する手元を一緒に映すことで、よりストーリー性のある映像に

STEP 03　サウンドホール内にスマホを入れて撮影

意外性のある方法でキラーカットを撮影

最後のキラーカットは、なんとサウンドホール内から撮影。人間の目では見られない角度から、弦と、弦越しの空を印象的に映し出すことができます。

つなげてチューニングの手元に寄り、メリハリをつけます。

　ギターを弾く後半部では、弦に沿ってネックからヘッドへスマホを移動させながら撮影。このときは、**まっすぐに並んだ弦をきれいに見せるため、直線的にスマホをすべらせるのがコツ**です。最後の、ギターの内部から外を見せたキラーカットは、ギターのサウンドホール内にスマホを入れて撮影。スマホがギターのなかで動かないようにすると、弦を弾く様子がきれいに撮影できます。また、弦の背後に見える雲や太陽がきれいに撮れる位置で撮影すると、より雰囲気のある映像に仕上がります。

シーンNo.5	旅先は、動画の撮影が役立つ場所。旅行を素敵な思い出に残すのはもちろん、友人や家族、そして1人でも撮影を楽しめるショートムービーを紹介します。
旅行	

使う技
・霧払い

難易度
★☆☆☆☆

指先だけで世界を変える!
閃光マジック

STEP 01 対象物を収めて ロケーションをセット

まずはロケーションをしっかり定めて、明るさの調整だけに集中できるようにしましょう。この動画の場合は、太陽の位置のほか、水平線が傾かないようにスマホをまっすぐ構えるのがポイントです。

ほかにも見晴らしのいい場所で試してみよう!

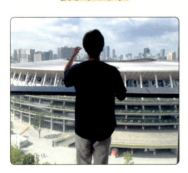

― 指先の動きに合わせて、すぐに切り替えて ―

　水平線が彼方まで広がる海辺をはじめ、風光明媚な場所に訪れた際に撮影したいのが、この魔法のようなショートムービー。カメラアプリに備わった**明るさの調整機能(露出補正)を使用することで、有名な建築物や美しい自然が一瞬で姿をあらわす映像**になります。

　この動画で使っている技は「霧払い」のみ。準備も、ロケーションを決めてカメラをセッティングと実に簡単です。

05 ● 旅行／閃光マジック

STEP 02 明るさを最大にして白とびさせる

画面内の明るさを操作（露出補正）し、明るさを最大にします。

POINT! 画面内の明るさを調整

 ▶▶▶▶

STEP 03 指を動かす演出に合わせて明るさを元どおりに

技 P38　霧払い

指の動きとともに、画面のもっとも明るい場所をタップして、明るさを元に戻します。背景が一瞬で姿を現すので、まるで魔法のような印象に。

明るさを切り替えるタイミングが大切！

　コツは、明るさを切り替えるタイミング。**被写体の合図に合わせて、白とびした画面を元の明るさに戻しましょう。**

　簡単なテクニックなので、さまざまなシチュエーションに応用できます。例えば、ホテルの高層階から見える見晴らしのよい景色や、P38で紹介している東京タワーのような縦動画のメリットを生かした建築物などと相性がいいでしょう。旅先で気になるロケーションを見つけたら、ぜひ使ってみてください。また、合図の動きは指先の合図以外にも、撮影の対象物に合わせてアレンジしてみてください。

シーンNo.5 旅行		
使う技 ・自撮りスピン 難易度 ★★☆☆☆	旅先の思い出でつくる1本の"動画アルバム" # ぐるぐる観光地	

STEP 01 ギリギリまで腕を伸ばして撮影開始

楽しい旅行の映像なので、回転中は笑顔も忘れずに！

技 P28
自撮りスピン

まずは、お寺の正面から撮影スタート。腕を伸ばしてスマホを持ち、その場で回転します。背中がきれいに映るよう、腕の高さや画角によって、何度か試してみましょう。

―― 回転の動きはそろえて、景色でちがいを出す ――

　旅行で訪れた場所ごとに「自撮りスピン」で撮影し、"旅行の思い出"として、1本の映像にまとめたのがこのショートムービーです。「ぐるぐる観光地」では、①お寺、②派手なお手玉の願掛け（「くくり猿」というそうです）、③バス停、④竹林という4つのスポットで1カットずつ撮影。腕を伸ばしてスマホを持ち、その場で回転する「自撮りスピン」を使います。**各カットが違和感なくつながるようにするコツは、自分が**

05 ● 旅行／ぐるぐる観光地

STEP 02 上半身を180度回転させる

POINT!
顔のサイズや遠近感をカットごとに合わせる

回転の際は、腕を伸ばして固定し、一定の速度で回ります。また、グリッド線を使って自分が中心から外れないよう意識してください。

構図が一定であればあるほど、回転している感も増します！

STEP 03 STEP01、02を複数の場所で繰り返す

POINT!
同じやりかたでいくつでもカットを追加可能！

各スポットで撮影をしながら、撮り終わったら前のカットと違和感なくつながるかをチェック。うまくいけば、そのままつなげるだけで1本の動画になります。

画面の中心に来るようにすることと、スマホの高さを同じにして回転すること。また、腕を限界まで伸ばして撮影すると、映像のなかに周囲の景色をたっぷり入れることができます。

撮影のコツではありませんが、このショートムービーのように「重厚なお寺」と「ポップな色合いの願掛け」、「友人と楽しくすごすバス停」と「1人で佇む静寂の竹林」といったように、**つながるカット同士で、対比された雰囲気があると、バラエティに富んだおもしろみのあるショートムービー**になります。

シーンNo.6	スポーツは大きな動きがあるので、ショートムービーにとても向いたテーマです。躍動感を表現した動画を2つ紹介します。
スポーツ	

使う技	ローアングルでスポーツの迫力を魅せる!
・スネーキング ・バルーン・ショット	# バスケットボール プレイヤー
難易度 ★★★★☆	

STEP 01　ローアングルでカメラを構えて撮影スタート

最初に主人公やディフェンダー、ゴールを見せて設定を伝えます。撮影では、下から少しあおるようにすると、主人公の動きがよりダイナミックに。

―― スポーツの臨場感を表現するには細かなコツが ――

　バスケットボールをしている主人公が、ドリブルでディフェンスを抜き去り、レイアップシュートをするというストーリーを、ワンカットで撮影したショートムービー。シンプルに見えますが、躍動感を出すためのいくつかのコツがあります。**1つはスマホの動かし方**。ドリブル中はローアングルから「スネーキング」で主人公を追い、ボールを地面につく様子をしっかりとらえ、最後のシュートは「バルーン・ショット」で

06 ● スポーツ／バスケットボールプレイヤー

STEP 02　主人公と撮影者が、離れる→近づく→追いかける動き

POINT!
ドリブルを追うときには、ローアングルで

撮影者は、主人公との距離を考えながら移動。映像の寄り引きを意識。

技 P36
スネーキング

STEP 03　シュートに合わせてスマホを持ち上げる

アーチを描くように撮影すると奥行きが出る

最後のシュートの場面はバルーンショット。画面の真ん中に主人公が映るように撮影できれば完ぺき。

技 P22
バルーン・ショット

空中の主人公の動きをおさえています。

　もう1つは、主人公と撮影者の動き。①「ドリブルを開始する」際は主人公と撮影者は"離れる動き"をし、②「ディフェンスを抜く」ときに両者は"近づく動き"、③「シュートを決める」ときは、撮影者が主人公を"追いかける動き"をしています。**短時間のなかで異なる動きを入れることで、映像に変化がつきます**。この動きによって、**①では「引き」の映像、キラーカットである②と③では「寄り」の映像になるため、ショートムービーとしてストーリー性を高める**ことにもなるのです。

067

シーンNo.6 スポーツ

使う技
・ドローン風ショット

難易度
★★★☆☆

"生まれ変わったらボールだった" ショートムービー

ボール目線の
スリリング野球

STEP 01　物干し竿にスマホを固定

物干し竿などにスマホを固定すると、ドローンのような映像を撮れます。

ほかにも……

テニスのラケットに貼ってもOK!

撮影したい競技によってラケットやバッドなど、貼りつけるものを工夫してみましょう。ガムテープをきつく貼りすぎて、画面が割れないように注意!

── 身の回りのグッズでドローンショット ──

　P32で紹介した、スマホを上に放り投げる「ドローン風ショット」を応用して撮影したショートムービー。「ドローン風ショット」は失敗するとスマホが壊れてしまう可能性があるので、キャッチに自信がない人は、物干し竿などに貼り付けるのがおすすめです。アナログな方法ですが、安全にドローンのような映像を撮影することができます。

　内容は、ボールの視点で、女性が投げたボールが男性に打ち返され、

06 ● スポーツ／ボール目線のスリリング野球

STEP 02 ゆっくりと歩きながら、少しずつ物干し竿を持ち上げる

技 P32 ドローン風ショット

POINT!
歩くスピードは
ゆっくり、一定に

スムーズに空中に上がる映像になるよう、一定の速度で歩きながら、ゆっくりと物干し竿を持ち上げましょう。

STEP 03 キャッチの瞬間までゆっくりと物干し竿を動かす

女性は、ボールの落下地点まで移動しフライをキャッチ。撮影者は最後までゆっくりと物干し竿を動かしましょう。

グローブに収まるまでが撮影です

それを女性が再びキャッチするという流れ。基本的には、**投球→バッティング→フライというボールの動きに沿って、物干し竿に貼り付けられたスマホを動かします。滑らかな映像にするコツは、編集でスピードを調整する前提で、ゆっくりとスマホを動かすこと**。特にフライ打球の動きは、一定の速度で歩きながら少しずつ物干し竿を立てましょう。最後に女性のグローブに入る場面では、撮影者はかなり疲れていると思いますが、我慢強くスローで動かしてください。1度の撮影が大変なので、何度も撮影して友人を困らせないように（笑）。

069

COLUMN 04

よい撮影には気配りも大切！

友人と楽しく撮影をするコツ

― 共有できる仲間がいると、撮影はもっと楽しい！ ―

　ショートムービーの撮影は、手元のスマホ1台でいつでもどこでもはじめられるもの。でも、一緒に協力してくれる仲間がいれば、**撮影できる内容の幅も広がったり、ワイワイ楽しみながら撮影できたり**といいことがたくさんあります。特に、「グルメ」など、同じジャンルを好きな人がいれば、撮影が成功したときに、「実物よりも美味しそうに撮れた！」など、**動画をおもしろがったり、喜びを共有できる**ので、動画づくりのモチベーションも自然と上がっていきます。

　友人と一緒に動画の撮影をするときに意識したほうがいいのは、**撮影するもののイメージを事前に共有しておくこと**。「このロケーションでこの対象物を撮りたい」「カメラワークはこの動画をお手本にしたい」など、自分の頭のなかのイメージをあらかじめメモやチャットで伝えておきましょう（詳しくはP82の「動画の設計図」を参照）。当日の撮影がスムーズに進みます。

　注意しなければいけないのは、ずばり**「こだわりすぎてしまう」**こと。クリエイターなら、納得のいくまで何回も撮り直しますが、友人たちとの撮影では、ギスギスする原因にもなるのでほどほどに。全員が楽しく、遊んでいる感じで撮影することが、動画のクオリティにもつながります。

動画を撮って、友人との思い出をつくろう！

第 3 章

3

▼せっかくつくるなら、バズらせたい！

ショートムービーづくりの奥義

第3章 ● ショートムービーづくりの奥義

～"バズる"動画を連発する～
人気クリエイターを目指そう！

奥義No.
01

── 発信力のある動画を狙ってつくる方法とは ──

　ぼくが運営しているサロンや、TikTok、Instagram のアカウントには、「おもしろい動画をつくるにはどうすればいいのか？」「みんなに見てもらえる動画がつくりたいのだけど、何からはじめたらいい？」という質問が日々寄せられます。また、企業とコラボレーションする案件では、SNS や動画を活用してブランディングにつなげたいのだけれど、その具体的な方法がわからないと相談を受けたことも少なくありません。

　誰にでも意図せず、偶然に動画が大ヒットし、何百万回と再生されることはもちろんあります。ぼく自身、ウィル・スミスさんがコンテンツをシェアしてくれて、世界中の人から数え切れないほどの反応が来たときは、予想外のことにとても驚きました。でも、動画クリエイターとして、**再生回数の多い動画を狙ってつくり出し、効果的に発信していくためには、理論や経験に基づいた"戦略的なノウハウ"が必要です。**

　この章では、ショートムービーづくりの"奥義"として、主にレコメンド型の動画サービスで、多くの人に拡散され、再生回数も高い（＝バズる）動画をコンスタントに制作・発信していく方法を教えます。

──「知る」「考える」「つくる」「発信する」の4フロー──

　ショートムービーづくりの奥義は**「知る（＝世界中から流行やアイデアを探す）」「考える（＝アイデアをまとめる）」「つくる（＝動画を撮影・編集する）」「発信する（＝最適な形で動画を届ける）」**の4つのフローからなります。この4つを実践して、ブラッシュアップしていくことで、動画づくりのテクニックやノウハウが向上していきます。

バズる動画をつくる4つのフロー

多くの人に見てもらえる動画を発信するためには、
次の4つのフローを意識しながら動画をつくりましょう

① 知る（＝世界中からリサーチ）

新しいアイデアを探すときは、世界中のクリエイターの最先端の投稿動画や身近なものを参考にすべし。世界を知り、己を知れば百戦殆うからず！
（→P76）

② 考える（＝アイデアをまとめる）

「知る」でストックしたアイデアをもとに、オリジナリティのある映像やストーリーをまとめていきます。仲間と意見を出し合うのもおすすめ！
（→P80）

③ つくる（＝動画を制作する）

動画の撮影・編集はスマホ1台でいつでもどこでも可能！動画の演出を工夫し、縦型・横型の違いを把握することで、より発信力がアップします。
（→P84）

④ 発信する（＝動画を届ける）

動画はできるだけ毎日アップし続けるとレコメンドの効果が高まります。周りの友人と競い合って、モチベーションを維持するのも◎。
（→P88）

これらを繰り返し実践・検証していけば、自分なりの動画づくりのノウハウが深まり、バズる動画をコンスタントにつくれるようになります！

―「動画視聴完了率」を伸ばすことがカギ ―

具体的なテクニックに入る前に、まずは動画づくりの前提となる現代の動画コンテンツの特徴や流行について知っておきましょう。

テレビからネット時代への移行とともに、YouTubeをはじめとする動画共有サイトが次々に登場し、好きなコンテンツを検索して自由に楽しめるようになりました。さらにスマートフォンの普及が進むと、Instagram、TikTokといったSNSが流行し、誰もが発信者になれる時代がやってきています。そのなかで、動画コンテンツの主流になりつつあるのが、ショートムービーです（その定義など、詳しくはP12へ）。

忙しい現代人でもスキマ時間に手軽に見られるショートムービーですが、最初から興味を引けなければ、たった数秒で飛ばされてしまうこともあります。最後まで見られない動画は、レコメンドされにくく、バズる可能性も大きく減少するのです。そこでぼくが意識しているのが、動画づくりにおいて**「動画視聴完了率＝どれだけ動画を最後まで見てもらえるか」**。この数字をいかに高くするかが、奥義の基本です。

― 動画をつくる目的を忘れない ―

動画づくりの前提でもう1つ。みなさんは、「よい動画」とは何だと思いますか。「映像がきれい」「アイデアが新しい」など色々な見方があると思いますが、ぼくは、**「目的を達成できる動画」**だと考えています。

例えば、ある喫茶店がお店の宣伝を目的に動画を制作するとしましょう。自慢の最高級コーヒー豆や機材をアピールする専門的な動画をつくり、YouTubeやTikTokに投稿しても、いきなり多くの人に見てもらうことは難しいでしょう。それよりも、「コンビニのコーヒーをかんたんに美味しく飲む方法！」のように親しみやすい動画のほうが、広く拡散されます。"バズる"もそのひとつですが、**目的を定めて、それに沿った題材や表現を模索すること**が動画クリエイターとしての第一歩です。

動画コンテンツを取り巻く環境

動画を見る方法が大きく変化していくなか、
コンテンツの形式もその特性に適応してきました。

テレビ・映画の時代
- チャンネルが限られているため、皆が同じコンテンツを見ている時代
- 横型（4:3もしく16:9）の動画が主流

テレビからパソコンへ
- 検索して、自分の好きなものを見る時代
- YouTubeなどの動画共有サイトが台頭
- テレビと同じ横型が主流

＼日本ではこれらの動画共有サイトが人気に！／

これまで見る側だったユーザーが、自分でつくった動画を発信できるようになり、音楽やキャラクターなどさまざまな流行が生まれました。

パソコンからスマホへ
- レコメンドされてきた動画を見る時代
- SNSで写真や動画を共有
- スマホで動画を見ることが一般的になり、画面の形に合わせた縦型の動画が主流に

＼SNSのメインコンテンツがテキストから動画へ／

大量のコンテンツが毎日にように発信・消費される現代。忙しい現代人のため、コンテンツはテキストから写真、そして動画へとわかりやすさを重視する方向に変化し、受け身でも楽しめることが大事になっています。

現代の動画は、「短く」「わかりやすい」ものでないと最後まで見てもらえない！

奥義No.
02

~ バズる動画を"知る"~
# いろいろな"世界"から学ぶ

— 世界中の面白いアイデアに触れよう —

バズる動画をつくる奥義としてまずはじめるべきは、**世界中の動画クリエイターからアイデアを学び、流行の最先端を知ることです。**

個人的な話ですが、ウィル・スミスさんに動画をシェアしてもらったとき、ぼくは初めて世界のクリエイターを意識するようになりました。世界には本当にさまざまなコンテンツや撮影方法があり、たくさんのアイデアにあふれています。こうした最先端のスタイルを知り、コンテンツづくりに生かせているかで、発信内容に大きな差が出ます。

— 空いている「席」を見つける —

まずは、ペットやグルメなど、発信したいジャンルに関するキーワードやハッシュタグで検索し、話題の動画をチェックしていきます。ポイントは、**特に再生数の多い上位5人のアカウントを見てみること**。数万もの「いいね」がつく動画を発信するアカウントは、そのジャンルの流行を取り入れている場合が多く、参考にするだけで、最新のアイデアを素早くキャッチできます。また、各アカウント欄から見ることができるフォロワーや、SNS外部の動画シェアメディア・サイトへと、徐々にリサーチの範囲を広げていくことで、発信したいジャンルの現状、**いわば投稿者の勢力MAPを知ることができます**。ここでポイントになるのが、**その勢力MAPに存在しない「空席」のアイデアを見つけること（詳しくはP77）**。すでに発信力のあるアカウントをそのままマネしても、ただの後追いになってしまいます。「ありそうでなかった」スキマのテーマや表現を見つけ、発信の「軸」とすることが重要です。

発信ジャンルの流行のとらえ方

キーワード検索
- 発信したいジャンルに関するキーワードやハッシュタグで検索
- 世界中で再生回数の多い上位5ユーザーをピックアップ

流行を把握
- 上位5人のフォロワー欄からさらにほかのユーザーも見る
- ジャンルの最新の流行や空席の場所をつかむ

インターネットで幅広く検索
- 動画をピックアップした記事をインターネット上でリサーチ

見える世界をどんどん広げよう!

発信ジャンルにおける「空席」の考え方

各動画ジャンルのなかには、さまざまなサブジャンルがあります。まだ扱われていない(もしくは人数が少ない)ものを探すことが重要!

【メインジャンル】
動画の撮影法

例えばぼくの場合は…

【サブジャンル】

POV
「Point of View」の略。主観で撮影することで、臨場感あふれる映像が特徴です。

VFX
「Visual Effects」の略。CGなどの視覚効果で、現実では目にすることのないユニークな映像表現を実現。

コマ撮り
人形などを使って1ポーズずつ撮影し、それをつなげて1本の動画に! コツコツの極みともいえる撮影法。

撮影チュートリアル
身近なスマートフォンやそのカメラ機能をフル活用した撮影方法。

ここに空席を発見!!

― 動画のアイデアは身の回りにたくさんある ―

海外へ目を向ける以外にも、身の回りの世界から動画のアイデアを探してみましょう。例えば、**季節折々の「風物詩」を意識してみることもテクニックのひとつです**。春であれば桜、夏であれば海や花火など、季節の風情を感じさせる動画は、つい気になって見てしまうもの。時季のトピックから、動画のイメージをふくらませてみましょう。また、実は**コンビニの雑誌コーナーは世間で注目されている題材がそろう**アイデアの宝庫。陳列された雑誌や書籍のジャンルだけでなく、表紙に使われている写真や見出しの言葉からも、旬のアイデアを得ることができます。

こうして探したアイデアは、蓄えれば蓄えるほど、自分のなかに引き出しとして残っていきます。そして、ふとした拍子に思い出して、ほかのアイデアと結びつき、まったく新しい動画が生まれることも。普段からアイデアに対するアンテナを全方位に向けて張り、ユニークなアイデアを取り逃がさないようにしましょう！

― 最初はよいと思った動画を積極的にマネしよう ―

動画発信の軸となる「空席」や、「動画のアイデア」は日頃からインプットを続けることで見つかるもの。ただ、動画づくりをはじめたばかりのときは、どこをどう見たらいいかわからないということもあると思います。そんなときは**自分がおもしろいと思った動画をいくつかピックアップし、その「ストーリー」や「演出」をマネしてみましょう**。ぼくも最初にバズった動画は、海外で人気の動画の見せ方を、自分なりにマネしたものでした。動画を実際に撮影したり編集したりすることで、「何がすごいのか」を具体的にイメージできるようになります。そこに「自分だったらこうする」というこだわりや、「こっちの動画と混ぜるとおもしろそう」といったアレンジを加えることで、だんだんとオリジナリティにつながるのです。

身の回りのあれこれに注目

動画サイト・SNSでのリサーチに加えて、身の回りのものごとから動画のアイデアを探しましょう。

ぞのさんっ流
- 季節感に合ったトピックを見つける
- コンビニの雑誌コーナーを定期的に見る
- よくあるアイデアに自分なりのひと工夫を混ぜてみる

いたるところに動画のタネが隠れている！

【番外編】ぞのさんっのアイデアはここで生まれる

バズる動画を生み出すためには、いつ何時も動画のアイデアを探してアンテナを張り巡らせましょう。

\ 動画コンテンツの老舗！ /
映画
ショートムービーの対極にあるコンテンツですが、伝統的な演出方法やストーリーの考え方など、融合できる部分もたくさんあります。

\ 自然から学ぶ /
風景
実際に撮影場所の風景を見ながら考えることも。目の前にしたときのインスピレーションを大事にして、ベストな撮り方を考えています。

\ 柔軟なアイデアが生まれる!? /
お風呂の中
お風呂につかりながら、ボーッとしているときに、これとこれを組み合わせたらおもしろそうと思いつくことがよくあります。

～バズる動画を"考える"～
動画の構成を練る

奥義No. 03

― シンプルでインパクト大、それがベスト ―

　アイデアがたまったら、次に動画のストーリーを考えていきましょう。ぼくが「おもしろい！」と思う動画に共通しているのは、「一度見ただけで強烈に印象に残る」動画。**十数秒という短い時間のなかで、一瞬で見る人をひきつけ、最後まで再生される動画こそ、本当におもしろいコンテンツであり、発信力の高い動画だといえます。**

　そういった動画は、実はとてもシンプルな構成になっていることが多いです。例えばInstagramで活躍するスペインのフォトグラファーが投稿し、人気になった「美しい滝×逆再生」の動画（詳しくはP81を参照）のように、「1テーマ×1アイデア」で、ひと目見ただけでわかりやすくつくられています。もちろん、その裏には緻密なテクニックやプロフェッショナルならではのこだわりが隠れているのですが、それをアピールせず、**見せたいものや伝えたいことがすんなりと入ってくる、短くてわかりやすい動画こそショートムービーの真髄です。**

― 動画の一番「美味しいところ」を見つける ―

　動画を見るときに意識したいのは、その動画の一番美味しいところ。**それぞれの動画が持っている一番の魅力を分析し、それを自分のクリエイションに取り込んでいくことが重要です。**

　その際、注目すべき点は動画の**「タイトル（世界観）」「見せ方（カメラワーク・演出・編集）」「キラーカット」**の3つ。これらがどう構成されているかを分析し、自分の動画にどう生かすか考えることで、その動画のオリジナリティが見えるようになっていきます。

動画はここをみる！ぞのさんっの目線

ぞのさんっの目線で、世界でバズった動画はどう見えているのか。プロのクリエイターならではの目の付け所をご紹介！

全世界で110万いいね!!

滝×逆流で新しい世界観

美しい滝が流れる様子を映したものかと思いきや、滝の流れが逆転！下から上に流れる滝という見たことのないビジュアルが展開されます。

- 世界観…滝を散策する
- 見せ方…逆再生、足元から全景へ など
- キラーカット…滝の全景

全世界で67万いいね!!

上の動画は滝という題材と逆再生という見せ方の組み合わせが相性バツグン！

右の動画は簡単にできそう！と思わせるのがすごいな

簡単に見えて実はテクニック満載

逆再生された落ち葉が舞い上がるなかを、男性が歩いていきます。一見すると、簡単そうな撮影に見えますが、男性の進むスピードや構図などにこだわりが見え隠れ。

- 世界観…秋の散歩
- 見せ方…逆再生 再生スピードの緩急
- キラーカット…上昇する落ち葉

「タイトル（世界観）」「見せ方」「キラーカット」の3本柱を意識する

── 設計図をつくって、アイデアを具体化しよう ──

実際に自分で動画をつくる段階になったら、動画の設計図をつくりましょう。設計図といっても、絵コンテや企画書など、難しいものではなく、スマホのメモや LINE などのチャットツールに書き出すだけで大丈夫！　**まずはざっくり、動画のタイトル（もしくは世界観）と、見せ方（カメラワーク・編集・演出）、キラーカットを並べてみましょう。**

この「タイトル（世界観）」「見せ方」「キラーカット（詳しくはP80）」の3つは、動画をつくるうえで骨格となる重要なポイントです。何をどう撮って何を伝えたいか（＝動画の要点）をキーワードとして書き出したり、参考になる動画があれば合わせてメモしたりすることで、わかりやすく整理できます。見せたいものを自分のなかで整理しておくことで、視聴者にとっても、**要点のつまったわかりやすくて印象深い動画になり、動画がバズる可能性も高くなります。**

── 色々なアイデアの組み合わせがオリジナリティに ──

もし一緒に動画を撮影する友人や仲間がいれば、書き上げたメモを共有しましょう！　友人とコンセプトや撮り方の候補を出し合い、みんなでわいわい決めるのも意外と楽しいです。数人で撮影する場合、事前にイメージを共有することで、撮影がスムーズになります。

設計図を共有するもう1つのメリットは、自分のなかにないアイデアが生まれる可能性があること。例えば、自分の知らない海外の動画など、ほかの人が得意とするジャンルから意見をもらえます。海外の動画とひと口に言っても、それぞれの国の文化背景によって見せ方の方向性が全然ちがいます。例えば中国の動画は、人物の映し方やカット割が派手で、色使いもはっきりしたものが多いといった点が特徴。自分の知らない動画のアイデアを組み込み、化学反応を起こすことで、まったく新しい表現が生まれる可能性があるのです。

03 ● 動画の構成を練る

初公開！ ぞのさんっの『動画の設計図』

「設計図」といっても必要な要素はそれほど多くありません。
まずはタイトルと見せ方、キラーカットを具体化することが大事！

POINT！
見せ方のイメージ
カメラワークや使用する機能などの撮り方について、簡単にメモ。動画のサンプルがあれば、友人にも伝えやすくてベストです。

POINT！
タイトル（世界観）
動画のベースとなるもの。一番見せたいものや重要なアイデアを、キーワードや技名を入れて、なるべく簡潔にわかりやすく表現することが重要です。

> 夏を彩るシンプルで簡単にクリエイティブ
>
> ① スマホひっくり返す(定番)
> ② 下からすくいあげる葉っぱのトランジション
> 　花の種類、場所？
> ② シャンパングラス乾杯トランジション
> ③ 海のストールトランジション
> ④ 長い棒トランジション
> ⑤ 麦わら帽子トランジション
> ⑥ 電球に夕日の太陽がつくトランジション
> ⑦ はなびトランジション？
> 　レンズの前に花火で手持ちの花火に火がつく。
> ⑧ ベットに寝転がったら、海の夕日へ
> ⑨ トラベルトランジション
> ⑩ プールから海へトランジション

POINT！
キラーカット
動画の主役となるカット。季節感やロケーションによって、もっとも適したものを探しましょう。ここが決まれば、コンセプトもすっきりします！

友人と意見を交換することで
新しいアイデアが
生まれることも！

アイデアが
固まったら
いざ撮影！

＼動画はこちらから！／

完成した動画

083

奥義No.
04

~バズる動画を"つくる"~
演出や形式にこだわる

― 最近の流行は種明かし動画 ―

実際に動画を撮影・編集する際には、動画をどうやって「演出」して見せていくかを意識することも重要になります。

例えば、TikTok などのメディアでは「種明かし系」が定番です。**種明かし動画とは、最初に「謎」となる一見よくわからないものなどで興味を引き、後半に「正解」となるものを置くという流れのもの**。「正解」が気になってしまい、ついつい最後まで見てしまう効果と後半の「正解」部分をより印象的に見せる効果があります。

ぼくが普段投稿している「撮影チュートリアル」のジャンルだと、最初に撮影している風景や動画内で使用するアイテムを紹介し、その後に完成した映像を入れます。そのほうが、最初から完成した映像を見せるよりもインパクトが強まり、見る人に「私もやってみたい」と思ってもらえるようになるからです。

― 観る人に寄り添った動画がバズリやすい ―

動画の見せ方のテクニックでもう1つ。今の時代、スマホなどのカメラも高性能化していて、単に美しい景色を撮ってもなかなか再生回数が増えず、「いいね」ももらえません。そんな現代だからこそ、見る人に寄り添った、**共感型の動画が重要になってきます。**

TikTok には、特定のコンテンツをみなで次々にマネていく"ミーム(meme)"という文化があります。「やってみたい」「これならできそう」「楽しそう」と見ている人に思わせることが、バズるショートムービーをつくるうえで大事な視点になります。

ぞのさんっの動画での実践例

「撮影チュートリアル」を主な撮影ジャンルにしていますが、動画の演出には秘密のロジックがあります。

撮り方を先に見せる

動画は基本的に撮影風景からスタートします。動きや撮り方を見せたあとに実際に撮影した動画を見せることで、より印象が際立ちます。

POINT!
撮影前後でのギャップが、動画全体のおもしろさにつながる！

何を撮っているんだろう？

あの動きがおしゃれな映像に！

マネしたくなる楽しそうな雰囲気

「友達と一緒にやってみたい」「これなら簡単にすごい映像が撮れそう」と思わせるのがぞのさんっの動画。楽しい雰囲気が伝わってきます。

POINT!
ワイワイ遊びながら撮影しているような様子がマネしたくなる！

息を合わせて…

全員集合！

メディアによって動画の縦横を切り替える!

　現代の動画クリエイターには、発信するメディアによって動画の形式や内容を変えていくスキルが求められています。その一番わかりやすい例が、**動画の向きを「縦」につくるか、「横」につくるか。**「動画の向きがちがうだけでは?」と思いがちですが、実はそれぞれ得意とする表現が異なるのです。

　横型の動画の場合は、左右の画角が広いので、自分のいる状況や景色を客観的に伝えることに適しています（**＝説明的な動画**）。一方で、縦型の動画は上下に枠が伸びることで、高い建造物や人物などを近く、大きく映すことができます。そのため、主観的な印象が強まり、画面に迫力を出しやすいのです（**＝印象的な動画**）。**実は縦型の動画のほうが広告としての訴求力が高いというデータもあります。**こうした特徴や、横型メインのYouTube、縦型メインのTikTokなど、発信したい動画メディアの特性を踏まえて、目的に沿った形式を選ぶことが必要になります。

縦型動画は今後のスタンダードになっていく

　これまで動画といえば横型だったのは、テレビ番組や映画が視覚コンテンツの王様だったから。しかし、現在はテレビだけでなく、スマートフォンやタブレットで視聴するコンテンツが主流になってきています。**若い世代はすでに、スマートフォンの縦持ちに慣れて、縦型の動画に違和感を持たなくなりつつあるようです。**こうしたパラダイム・シフトが進んでいくと、縦型の動画が映像業界の主流になり、テレビや映画でも、縦型に撮影された作品がより一般的になる日もそう遠くないかもしれません。そうした意味でも、ぼくが動画のノウハウを教えるときは、縦型の撮り方に慣れておくことをおすすめしています。少なくとも、今後SNSで発信する動画クリエイターを目指している人は、縦型動画の撮影方法に慣れておいたほうがよいでしょう。

04 ● 演出や形式にこだわる

動画の方向でも見せ方はちがう！

動画の縦・横のちがいは想像以上に大きいもの。
同じような題材を扱っても、印象がまったく異なるものになります。

同じ撮影テーマでも印象がこんなにちがう

――― 縦型の場合 ―――　　　　　――― 横型の場合 ―――

POINT!
ダイナミックな画面構成が可能
高い建造物や人物の全身を大きく映すことができます。動きなどもダイナミックになるので、ダンス動画などにも最適。

POINT!
さまざまな情報を一度に伝えられる
テレビと同じく横に長いので、テロップが入れやすく、また客観的な情報量の多い動画をつくるのに適しています。

**基本的にスマホで見るから、
目までの距離が近く、迫力満点！**

**多少離れた距離から
見ることが多く、客観的な視点に**

087

～バズる動画を"発信する"～
投稿を続けることが大事

奥義No.
05

発信・分析を高速で繰り返していく

　最後の奥義は、いよいよ"発信"のフローです。アイデアと見せ方に工夫をこらした動画をつくれたとしても、**発信方法をまちがえると、見てもらえるチャンスが大きく減ってしまいます。**また、**動画に対する反応の分析をおろそかにすれば、次の"バズり"にはつながりません。**

　ぼくが普段投稿しているTikTokのようなレコメンド型のメディアでは、初めての投稿でも自動的に数百人のおすすめ欄へ拡散していくチャンスがあります。ただし不確定な要素も大きいので、新着情報が見やすいTwitterやほかのSNSでも、投稿を共有していくとより広い層にリーチできます。また、投稿時間にも注意しましょう（詳しくはP91）。

　そしてこれは**一番難しいことですが、できるだけ毎日投稿を継続すること**。毎日動画が更新されると、フォロワーのなかでも動画を見に行く習慣ができるので、ファンがつきやすくなるのです。さらに発信・分析を早いスピードで繰り返すことで、自分自身の動画製作スキルやノウハウも飛躍的に向上します。難しければ、1日の撮れ高を何回かに分けて投稿すれば、実践しやすくなります。

バズった要因は何かを徹底分析！

　動画がバズったときは、もちろんその要因を必ず分析。**動画のどこ（コンセプト・見せ方など）にバズる要因があったのか**、有名人のシェアや時事性など外部的な影響があったのかなどをふりかえってください。撮影に関わっていな友人から客観的なコメントをもらうのもいいでしょう。**自分なりの分析と結論から理論をつくり上げていくことが重要です。**

人気動画クリエイターを目指して……

動画をただつくるだけでなく、投稿した動画がどう見られたかを分析することが大事です。

動画を投稿する

動画メディアにコンテンツを投稿します。投稿した際は、TwitterなどほかのSNSでも同時にシェアをして、拡散力を高める工夫をしましょう。

POINT!
- ほかのSNSなども活用し、多面的に発信
- できるだけ投稿を継続する

動画の見られ方・コメントを記録

動画の再生回数や「いいね」のつき方がどうなっているか、定期的にチェック。特にバズったときはその要因の分析が次の「バズり」の鍵です。

POINT!
- 投稿したあとも定期的に数字をチェック
- バズったときはその要因を分析
- コメントの内容に目を通す

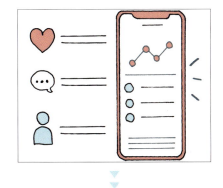

分析した内容を次の投稿に生かす

うまくいったこと・いかなかったことを分析し、その内容を次の動画に盛り込みましょう。投稿と分析のサイクルはできるだけ短いほうがいいです。

POINT!
- 反省を生かして、すぐに次の動画へ
- ライバルを設定すると、続けやすい！

― ボイスオーバーなど細部にまでこだわりを ―

この本では、動画の画づくりや構成を中心に紹介してきましたが、ほかにも動画の完成度を左右する要素やポイントがたくさんあります。例えば、音楽やナレーションもその1つ。**流行の曲や誰もが知っている曲を取り入れれば一気に親しみやすくなりますし、ナレーションを入れれば、投稿者のキャラクター性を高めることもできます。**わかりやすさという点では、テロップをつけて説明することも重要。**ショートムービーでは、短めでキャッチーな言葉選びを意識しましょう。**「○○について教えてほしい」など、視聴者への質問を入れるのもおすすめです。

バズる発信を目指すためには投稿時間にも注意が必要です。レコメンド型の動画メディアでは、深夜に投稿しても、誰も見ないうちに新しい動画が登場してしまい、朝には流されてしまいます。投稿は、**視聴者が自由に時間を使えるようになり、再生回数も多くなる19時～21時にかけての時間**に行いましょう。最後に、ほかのクリエイターとのコラボも重要な取り組みです。その際は、お互いにメリットがある形で、定期的に行っていくことで、新規層への足がかりとなります。

― 楽しみながら、動画づくりで「遊ぶ」ことが一番! ―

動画づくりは奥が深く、ぼくもまだまだ勉強中です。そのなかで、動画クリエイターのための"奥義"として最後に伝えたいのは、やっぱり「遊びながら、楽しんで動画をつくる」こと。**自分の好きなこと・やりたいことだから続けられるし、何より楽しんでつくった動画のほうが、見ている人を笑顔にできると思います。**そして今のSNS時代では、その楽しさを世界の人々と一瞬で共有できるのです。そう考えただけでもワクワクしてきませんか? 今回紹介した4つの奥義をもとに、自分なりに最高に面白い動画を発信してみてください! ぼくのレコメンドにも流れてくるその日を楽しみにしています。

05 ▶ 投稿を続けることが大事

発信力の向上のため、最後まで気を抜かない!

映像以外にも、こだわれるポイントはこんなに!

 テロップ

テレビやYouTubeなどと異なり、縦型のショートムービーは短めでキャッチーなワードをちりばめるように。説明的なテロップはNG。

 音楽

TikTokや編集アプリでは、おすすめの音楽を動画につけることも可能。流行にのったり、動画の展開と結びつけたり、ひと工夫を!

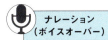 **ナレーション(ボイスオーバー)**

状況を説明するのに、ナレーションをつけるのも1つの手。クリエイターがしゃべると、その人のキャラクター付けにもつながります!

 投稿時間

夜中にやっと完成した動画。そのまま投稿してしまうと、朝までに流されてしまうことも。アクティブユーザーの多い19時〜21時が狙いめ。

 コラボ

ほかのクリエイターとコラボすると、お互いの新規層(ファン)に自分を発信できるチャンスができます。日頃からの交流が大事です。

注意
ハッシュタグはあまり意味がない?
レコメンド型メディアでは、実は重要度は低め。でも、「何の動画か」がわかるよう簡潔につけておきましょう!

続けることが何より大事!

「遊び」として楽しみながらバズる動画を目指そう!

次の人気動画クリエイターはあなたかも?

091

COLUMN 05

この動画で人生が変わった！

思い出深い"3本の動画"

― 撮影チュートリアルをはじめたきっかけ ―

　ここではこれまでぼくが投稿してきた動画のなかで、特に思い出の深い3本の動画を紹介していきます。なぜいまのスタイルに行き着いたのか、そのとき考えたことについても振り返っていきたいと思います。

　1本目は、2020年の2月に投稿した撮影チュートリアルの動画。それまでは、ドローンなどを使った風景動画をメインに投稿していたのですが、なかなか再生回数も伸びず、投稿の「軸」の部分で思い悩んでいました。そんなときに、**ふとTikTokで見た海外の動画から着想を得て、ほぼそれを再現して投稿したのがこの動画です**。まだTikTokでバズるノウハウが不十分だったので、動画の向きも横になっています。撮影自体も、1時間もかからず、さっと撮影して投稿しました。

　でも投稿した直後から再生回数やいいねが増え続けて通知が止まらず、最初はアプリが壊れたと思いました（笑）。そこから自分なりに分析して、こうした「撮影チュートリアル」の動画なら、多くの人に受け入れられるかもしれないと考え、現在の動画スタイルをはじめました。

＼ そのさんっの思い出動画① ／

こんなのどぉですか？

2020年2月20日に投稿。このときはまだ動画の向きも横。海外の動画を参考にして、初めてバズった動画。

092

― 自分なりの理論がぴたっとハマった自信作 ―

　1本目の動画のあと、連続して撮影チュートリアルの動画を10本ほどあげました。そのなかでも特に気に入っているのが、2020年3月に投稿した「簡単カメラワーク」の動画です。
　この動画はまず、撮影風景からはじめるのですが、撮影の裏側から完成後の動画を一連の流れで見せる構成を意識して取り入れています。また、カメラワークも「上から下に」「下から背中に」など、簡単な動きで再現できるものだけを使っています。これは見ている人に「すぐにできそう」と思わせることが重要だと考えたからです。
　これらの工夫を取り入れた結果、**全体としてあまりひねっていない、シンプルでマネしやすい動画をつくれたような気がしました**。その手応えどおり、再生回数が一気に増え、20万を超える「いいね」をもらうことができ、とてもうれしかったのを覚えています。まさに、自分で戦略的にバズるおもしろい動画をつくることができた瞬間でした。
　それ以降も、撮影チュートリアル動画をつくり続けていますが、基本の「軸」の部分はこの動画と変わらず、見た人が「これならマネできそう」と思える動画づくりを心がけています。

＼ ぞのさんっの思い出動画② ／
**カメラワークだけ動画を
上手に繋げる方法！**

2020年3月18日に投稿。簡単にマネできるカメラワークで、ストーリー性のある動画を撮影する方法を紹介。背景の迫力ある城は縦型動画との相性も抜群だった。

COLUMN
05

　― 自粛生活をテーマにした動画で世界を意識 ―

　そして最後に紹介するのが、第3章でも話したウィル・スミスさんのInstagramアカウントでシェアされた動画です。

　2020年4月の投稿した当時、日本では自粛ムードが高まりはじめていたころで、この動画もそうした自粛生活で毎日が同じような日々が過ぎていく気分を表現したものです。動画の構成はシンプルで、使っているトランジションも1つだけ。そんな動画をTikTokに投稿したところ、ウィル・スミスさんのInstagramアカウントで、世界各地の注目のクリエイター9人のうちのひとりとして、動画が紹介されたのでした。このときは本当に驚きましたし、高い評価をいただき、さらに紹介までしてもらったことがすごくうれしかったです。

　その後、海外からぼくのアカウントにたくさんのDMが来るようになりました。ニュースメディアでも取り上げられ、たくさんの人にぼくの存在を知ってもらうことができたのです。この出来事でぼくは、**世界を強く意識するようになり、動画づくりのインプットもとても豊かになりました**。そして同時に、**継続して発信していればこうしたチャンスが巡ってくること**を学びました。

＼ ぞのさんっの思い出動画③ ／

自粛生活の1日

2020年4月18日に投稿。室内の同じ画角で撮影することで、変わらない日々が過ぎていく自粛生活を表現。使用する撮影技法もカメラワークを工夫したトランジションのみと、シンプルな構成。

第 **4** 章

ショート
ムービー
づくりの
実践

▼ぞのさんっの撮影現場に密着！

クリエイターならではのこだわりが!
01 プランニング

クリエイターは、クオリティの高い映像をつくるため、撮影前に構想を練ります。

撮影場所

角川武蔵野ミュージアム

2020年にオープンした、図書館と美術館と博物館が融合した複合文化施設。常時3万冊の蔵書が並ぶほか、さまざまなアート作品の展示も行われる。

※特別な許可を得て、撮影をしています

DATA

- 住所／〒359-0023
  埼玉県所沢市東所沢和田3-31-3
- 営業時間／日〜木曜 10:00〜18:00（最終入館 17:30）
  ※一部レストランは11:00〜20:00（最終入店 18:00）
  金・土曜 10:00〜20:00（最終入館 19:30）
  ※一部レストランは11:00〜20:00（最終入店19:00）
- 休館日／毎月第1・第3・第5火曜日
  （祝日の場合は開館・翌日閉館）
- 電話番号／0570-01-7396

構想　撮影前にショートムービーの骨子を考える

ホームページにある天井の高い本棚はキラーカットになるな

図書館にマッチした世界観って何だろう

本をトランジションに使ったストーリーにしよう

今回は、最初に決まったスポットを中心に、構想を練ります。

--- ぞのさんっのショートムービーづくりをレポート ---

　ここからはぞのさんっのショートムービーづくりに同行し、構想から投稿までのリアルなタスクや、撮影の空気感をみてみましょう。

　今回の撮影を行うのは、高い天井まで続く本棚が有名な角川武蔵野ミュージアム。撮影場所を聞いたぞのさんっは、ミュージアムをリサーチしながら、構想を練ります。注目したのが"**建物の先鋭的なデザイン**"

01 ● プランニング

世界観	"本の世界に迷い込む" ジブリ映画的な世界を描きたい
キラーカット	高い天井まで本棚が続く開放感のある空間を見せる
ストーリー	図書館に来た女性が、ある本を開くと、素敵な空間へ瞬間移動

ぞのさんっの構想メモ

撮影前は、ざっくりとした内容に加え、撮影場所にハマりそうなトランジショを考え、メモしておくそう。

撮影前の動画イメージ

CUT 1　図書館に訪れる女性

CUT 2　ある本を手に取る

CUT 3　天井まで本棚のある空間へ

と"**インパクトのある本棚**"。「ここなら**"本の世界に迷い込む"という ジブリ映画のような世界観を表現できそう。キラーカットはもちろん本棚です**」。世界観とキラーカットを決めたら、ストーリーは、①**女性が図書館を訪れ、②本を取り、③本棚の空間に瞬間移動する、という流れの3カット**をイメージ。ぞのさんっは、大筋の内容以外の細部は現場で決めます。自分の目で見て、空気感を肌で感じながら撮影方法を考えることで、現場の雰囲気を深く表現でき、情緒的な映像に仕上がるのです。

097

02 下見〜撮影

みんなでワイワイ楽しく撮るのがぞのさんっ流

まずは現場を下見して、撮影方法を細部まで詰めたら、1カットめから順に撮影開始!

今回の撮影スタッフ

チーム「ぞのさんっ」

西村純一さん
ぞのさんっと協力して映像制作をするチームのメンバー。今回は"ぞのさんっの撮影"を撮影。

筒井光さん
ぞのさんっの撮影チームのメンバーの1人で、今回はYouTube用の撮影を担当。

モデル 清水彩未さん
ぞのさんっの撮影に何度も参加し、その撮影スタイルをよく知る。

ラフに現場入りするメンバー

下見 — 全体を見て、具体的なイメージを固める

メンバーで撮影候補地点をまわり、画角などをチェック

ちょっとそこに立って!

上/下見は全員で行い、ぞのさんっは「この雰囲気どうかな?」などと、積極的にメンバーと相談。下/カメラをのぞきながら、見え方を検討していきます。

--- ぞのさんっの撮影はチームで取り組む ---

　撮影当日、現場に訪れたのはぞのさんっと、撮影チームの西村さんと筒井さん、モデルの清水さん。**国内のショートムービーでは珍しく、ぞのさんっはクリエイター同士のチームで撮影を行います。**

　現場で最初に行うのは、全体の下見。「まずはメンバーと現場を回ります。**細かい部分を見て撮影に合う場所を探したり、カメラをのぞいて**

02 ● 下見〜撮影

後片付けのために現状を撮影

相談をしながら細部を決定

トランジションにこの本棚使える！

上／下見では、すべてのカットの撮影場所を回ります。下／トランジションも実際に試してみるそう。

世界観的に屋外はなし！それとモデルさんの動きに合わせて4カットに変更

現場で固めた動画イメージ

CUT 1　図書館を訪れた女性が"ある本"に触れる（→P100）

不思議な図書館を訪れた女性が、本棚に並んだ"ある本"を取ろうと、手で本に触れたところで、トランジション。

CUT 2　女性が本棚から"ある本"を取り出す（→P101）

本の動きに連動して場面が切り替わり、女性が"ある本"を本棚から引き抜く動きで再びトランジション。

CUT 3　本をめくりながらイスに座る（→P102）

手に取った"ある本"を女性がバラバラとめくりながら歩き、近くにあったイスに座り、本を読みはじめます。

CUT 4　開放感のある空間へ瞬間移動（→P103）

本を読んでいた女性ですが、ふと気づくと壁一面に本棚が並んだ空間へと瞬間移動し、本棚を見上げます。

画角をチェックしたり。細部を詰める重要なプロセスです」。ぞのさんっ一行は、はじめに屋外でいくつかのポイントを回って外観の見え方を確認し、撮影方法を相談。「世界観的にどうかな……」とぞのさんっ。その後、内部に移動し、ストーリーを描くためのモデルの動きやカット割りを決めます。「岩のような建物の外観が今回の世界観と合わないと感じたので屋外はなし。想定では3カットでしたが、モデルの動きに合わせて4カットに変更します」。細部が決まったら撮影スタートです。

| 撮影開始 | 1カットめから順に、イメージ通りの映像が撮れるまで撮影 |

CUT 1 　図書館に訪れた女性が"ある本"に触れる

動き、カメラワークを指示してスタート

各カットのはじめに、下見の際に考えたモデルの動きや、カメラワークを指示します。

裏側の撮影者（西村さん）

ぞのさんっの撮影スタイル

表側の撮影者（ぞのさんっ）

1カットずつ、指示→撮影→確認を何度も繰り返して進行

まずはぞのさんっのスマホカメラで撮影してチェック。その後、裏側も撮影をして1カットめ終了。

OK!

― 撮影は、遊んでるような楽しい雰囲気で進行 ―

　ぞのさんっは、天候などの理由がない限り、1カットめから順番に撮ります。カットごとに、**チームとモデルに動きを指示し、ぞのさんっがスマホでメインの映像を撮影。チェックしてイメージ通りになるまで何度も繰り返します**。OKになったら、チームのメンバーが"ぞのさんっが撮影する"裏側を撮影。実は、メインと裏側は別々に撮影することが

CUT 2　女性が本棚から"ある本"を取り出す

**本棚から取り出した
本に合わせて
スマホを回転**

「カットがつながるように、本は右手で取って」など、細かい部分も指示。

＼疲れたら
ちょっと休憩／

ブレずに技を決めるぞのさんっ

技 P24
ピンウィール・ショット

＼OK!／

多いそう。こちらもぞのさんっがチェックし、納得いくまで撮影を続けます。**少なくとも、1カットにつき20回以上、30分以上は撮影**します。
「1、2カットは、想定通りですね。モデルさんとカメラの動きを合わせることや、トランジションのためにカットの境目を木目の色でそろえることを意識しました」。そう聞くとなんだか大変そうですが、撮影中は、メンバーたちは終始笑顔。**"クリエイターの撮影"**というよりは、**"友人同士の遊び"**のような雰囲気で、撮影が進んでいきます。

第4章 ● ショートムービーづくりの実践

CUT 3　本をめくりながらイスに座る

撮影しながら、撮り方を調整

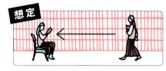
想定

本番

急遽、下見した際に想定していた動きとは変更。モデルさんが歩く動きを省くことに。

① 本をパラパラ

3カットめは、①本をパラパラめくり、②近くのイスに座るという2つの動きを撮影。

つながりを確認する真剣なぞのさんっ

② 座る

これがおれの代名詞や(?)

OK!

技 P30
シェイク・テレポーテーション

— **細かな調整をしながら、全カット撮影終了！** —

　ここまで順調に進んできましたが、**3カットめでぞのさんっは、急遽内容を調整**。モデルが歩く演出をなしにしました。「ここまでの映像の長さと歩くシーンの重要度を比較し、省きました」。変更の指示をして、撮影再開。このあたりになると、アイデア出しもさらに熱を帯び、「それ、えーやんえーやんえーやん（ぞのさんっ）」「ぽい（※それっぽい）

102

CUT 4 開放感のある空間へ瞬間移動

最終カットもまずは指示をして撮影へ

本の開き方や立ち上がったあとの表情などをモデルに指示。

全員でチェックしてオールアップ（すべて終了）！

最後のカットまで、全員ず〜っと笑顔です。

カメラワークで迫力のある空間を表現

ぽいぽい（清水さん）」という活発な発言も飛び出しつつ、ぞのさんっの「シェイク・テレポーテーション」も決まり、3カットめも終了。

4カットめは、インパクトの強い本棚のある空間でのキラーカットの撮影。「本棚の迫力を出すために、しっかりとローアングルから、ゆっくりと引いていくことを意識しました」。こうして最後のカットも、メインから裏側と撮影し、全員でチェック。**ぞのさんっのOKが出て、現場に入ってから4時間ほどですべての撮影が終了**です。

撮影終了しても、タスクはいっぱい

03 編集・投稿

撮影が終了したら、ぞのさんっはすぐに編集へ。投稿の前にはもう1つフローがあるそうです。

現状復帰

撮影場所をきれいに戻すのも一流クリエイターの仕事

動かした小物などは、元どおりに戻します。地味ですが、場所を借りて撮影するときはとても重要。

撮影お疲れさまでした！

撮影の感想

スタッフ
西村純一さん

ぞのさんっの撮影はいつも楽しいです。ぞのさんっは、その場その場で現場に合わせたアイデアがどんどん出てくるので、自分でつくる作品の参考になります！

スタッフ
筒井光さん

ぞのさんっの現場は、"こんにゃく"ぐらい(?)雰囲気がやわらかくて、撮っている側も楽しめます。ぞのさんっの毎日投稿する姿勢は、本当にリスペクトしています。

モデル
清水彩未さん

ぞのさんっは、気さくなお兄さんって感じ。どんな意見も否定せず聞いてくれるので、自然といい作品にしたいという気持ちになり、モデル目線で提案しています。

編集し、チームで仕上がりをチェックをして投稿

撮影が終わったら、移動した小物などを元に戻して現状復帰。現場のスタッフに挨拶をして、チームとモデルさんは終了です。ぞのさんっは、終了後すぐに編集作業に取り掛かることが多く、帰りの移動中に行うこともあるそう。**編集はスマホでもできますが、スピードなどを細かく調整するため、主にパソコンを使います。**今回のショートムービーは、約

03 ● 編集・投稿

編 集

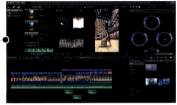

編集中の画面
ショートムービーは、スマホで編集するクリエイターもいますが、ぞのさんっは細かい調整をするため、パソコンで編集。

チームに共有し、チェックを受ける

編集が終わってもすぐに投稿はせず、チームメンバーの意見を聞き、気になる部分は調整。

→ **TikTokなどに投稿し、ようやくすべて終了!**

撮影から投稿までは、大体1〜3日程度

今回撮影したショートムービーはこちら

「不思議な図書館に迷いこみ、"ある本"を手に取るとそこは……」

1時間かけて編集し、一旦完成。ただし、投稿はまだ。**チームのメンバーに共有し、客観的な視点でクオリティをチェックしてもらいます。**そして、改善点などがあれば修正。こうして、ようやく動画共有サービスに投稿します。「今回のショートムービーのポイントは、どの場所も素敵なロケーションだったので、全部が"サビ"に見えないよう、1〜3カットは寄りの映像で背景をあまり見せず、最後のカットで引き、本棚のインパクトが出るようにしたことかな。ぜひ見てみてください!」

特 別 対 談

ショートムービーの
クリエイティブと未来

ぞのさんっ　**あああつし**

情緒的な映像と、その撮り方を作品にした"撮影チュートリアル"というジャンルを確立し、トップランナーとして発信を続けるぞのさんっとあああつしさん。クリエイティブにかける想いや、ショートムービーの未来について、語っていただきました。

——まずはお二人の出会いのきっかけや関係性を教えてください。

ぞのさんっ　2年前にクリエイターをサポートするTikTok担当者の紹介で会ったのが最初です。当時、ぼくらのような映像系のショートムービーを発信するのは全国でもまだ5、6人でした。

あああつし　人数が少ない分、お互いに存在は知っていました。ぞのさんっは、今とアイコン写真がちがってイキってたので、正直、最初は怖かった（笑）

ぞのさんっ　斜に構える系だったから（笑）。知り合ってから、企業からの案件がらみで一緒に撮影をするようになったんやな。

あああつし　撮影で沖縄〜熊本〜福岡〜茨城〜東京と、3週間ずっと一緒にいたこともありますよね。同じジャンルのクリエイターなのでライバルと思われることもありますが、互いの良いところはマネして、切磋琢磨する関係です。

目標は"世界的な クリエイターの仲間入り"

ぞのさんっ　ぼくもあああつしくんも、「世界的なクリエイターの仲間入りする」という同じ目標に向かって進んでるので、ライバルというより"戦友"って感じです。

—— 一緒に撮影をするなかでわかる、お互いの映像のつくり方や作品の特徴はどんな部分ですか？

あああつし　ぞのさんっは、撮影はワイワイ楽しくやりますが、編集がとても感覚的で細やかです。体感した感動やワクワクをそのまま映像にしているというか。そばで見ていてると、エモーショナルな映像には、ぞのさんっの"素直さ"があらわれているんだと思います。以前、一緒に同じ夕日を4日連続で撮影したことがあり、ぞのさんっは、最終日も初日と同様に「きれいやな〜」って感動してるんです。ぼくは2日めのほうが……と思っていたんですが（笑）。いつも先入観なしで、目の前にあ

るものの魅力を100％体感できる素直な感性が、ぞのさんっの映像を生み出していると思います。

ぞのさんっ　なんか恥ずかしいって（笑）。あああつしくんの作品は、すごくロジカルでわかりやすいのが特徴です。そのロジックを支えているのが、あああつしくんの圧倒的な引き出しの多さ。あああつしくんは、平気で1日7時間くらい、撮影法はもちろん、グルメとかビジネスとかあらゆるジャンルの映像を見て、撮り方や見せ方をインプットしているんです。その引き出しから、見ている人に一番伝わる見せ方を構築しているので、わかりやすい作品ができるんだと思いますね。

あああつし　自分は感性には自信がないので、再生時間やコメント数などのデータをもとに作品をつくっています。一般的な制作は、撮影→編集→投稿ですが、ぼくは逆。例えば、最初にトレンドの音

源を使った作品を投稿することを決め、音源を生かした編集を考え、そのための映像を撮影する、という順番ですね。

ぞのさんっ 逆なんや。それは知らんかったな。

あああつし TikTokでバズるにはトレンド感が重要なので、流行りの音源やエフェクトをストックしていますよ。TikTok初心者は、バズった作品の音源を使うのはおすすめです。

——感覚派のぞのさんっと、理論派のあああつしさん。正反対のお二人ですが、お互いに「やられた！」と思う作品もあるんですか？

ぞのさんっ めちゃくちゃありますよ！　有名な「桜の逆再生」とか、「スマホつきハンガーのスライド」「飛行機窓」も思ったな。

あああつし ポンポン出てきますやん（笑）。ぼくは、自分では再生数が伸びなかった撮影法の作品でも、ぞのさんっが似た撮影法でつくったらすぐにバズったのは悔しかったですね。また、悔しいとはちがいますが、360度カメラの作品は、ぞのさんっの専売特許というか、マネできないなと。あとは、作品以外の部分でいいなと思うのが、制作の「チーム」。ぼくはずっと1人でやっていたんですが、チームだと作品の幅も広がるのでマネしようと思ってます。

ぞのさんっ チームでショートムービーをつくる海外のクリエイターを見て、1人でできることには限界があると感じたんです。世界にインパクトをあたえる作品を

お互いに「やられた！」と思ったショートムービー

ぞのさんっのショートムービー

360度カメラ

フェスタ・ルーチェ

あああつしさんのショートムービー

桜の逆再生

スマホつきハンガースライド

飛行機窓

特別対談 ● そのさんっ×あああつし ショートムービーのクリエイティブと未来

独自のクリエイティブを生むのは、"感性"と"理論"

つくるには、チームでノウハウを蓄積させ、スケールを大きくしていくのが近道だと思ったので、国内では多くないですが、ぼくはチームで撮影していますね。

——影響をあたえ合っているクリエイターとして、お互いにどのような資質を尊敬していますか？

ぞのさんっ 先ほどいった個々の作品づくりもそうですが、あああつしくんは、ショートムービーづくり全体のマネジメントも、ロジカルで戦略的です。例えば、AとBの2パターンの作品を投稿し、ちがいを分析してノウハウを蓄積したり、過去の作品から人がもっとも聞きやすい音の高さや速度を分析し、それに合わせて編集したりしているんですね。そのあたりの分析力はエグいですね。

あああつし ぞのさんっはアイデアを引き出す感性はすごいと思います。イメージですが、ぼくは中身の見えない"木製の大きな引き出し"で、ぞのさんっは"透明な引き出し"という感じ。ぞのさんっは体感をきっかけに、普通は気づかなかったり、完全に忘れている引き出しが開き、すごいアイデアを思いつくことがあるんです。ぼくは考えないと引き出しが開かないんで、その感性はうらやましいと思います。あとはモチベーション。ある作品がバズった翌日はぼくは休もうかなって気になっちゃうのですが、ぞのさんっはバズった翌日にも普通に投稿している。それを見ると、ぼくもやらなきゃという気持ちになります。今思い出したんですが、2人で「世界のクリエイターはSDGsに注目しているね」という話をしたことがあったんです。そしたら、ぞのさんっは次の日には、クリーンエネルギーの象徴として風車と撮ってました（笑）。そんなにすぐ行く!?と、熱量には驚きました。

ぞのさんっ チームとも関係するんですが、ぼくは、タスクや目標を近くの人に発言するようにしているんです。そうすると、やらざるを得なくなるので、それもモチベーションを保つ理由の1つですね。

——最後に、ショートムービーの未来や、今後の変化について、お二人はどのように考えていますか？

ぞのさんっ 現代人は徐々に自由に使える時間が減っていて、以前よりも一般的なネット動画は見られなくなっています。そんななかで、無駄を削ぎ落とし、濃度の高い情報が詰まったショートムービーは、どんどんニーズが高まっていると感じます。実際、プラットフォームや映像ジャンルも広がり、個人的には企業からの案件なども増加しています。この流れは今後も続いてくと思いますね。

あああつし 動画の長さに注目すると、15秒以外にも6秒や30秒、1分の動画共有サービスもあり、ぼくらもいろんな長さの作品を投稿しますが、結局12〜15秒が一番見られるんですね。理由はわかりませんが、15秒の映像が、人間にはひと息で見るのに合ってる気がします。異なる長さの映像サービスが登場しても、15秒のショートムービーは今後も残り続ける気がします。また、今後は動画をつくる場合、予算や手間と効果を考えると、新しい取り組みなどではショートムービーが選ばれようになっていくと思います。個人的には"ショートムービーしか勝たん"と思っています（笑）。

PROFILE

あああつし

映像クリエイター。1994年、和歌山県生まれ。大学時代からカメラマンとして活動していたが、新卒では地方銀行に入行。その後、映像系のベンチャー企業へ転職を経て独立。SNSで写真や動画の撮り方を発信し、半年強で、TikTokフォロワー数270万人を突破。ぞのさんっと出会い、ぞのさんっが代表を務める「Creator's Campus」の運営も務める。

ぞのさんっ

映像クリエイター。
1992年、兵庫県生まれ。一級建築士として大手の組織事務所でプロジェ
クトを経験後、宿泊事業で起業。2018年より、映像クリエイターとして
本格始動。TikTokをはじめとする動画プラットフォームで、主にショートム
ービーを投稿する。TikTokフォロワー数は240万人を超える。現在は自身
のサロン「Creator's Campus」の代表も務める。

TIkTok
https://www.tiktok.com/@zono.sann?
Instagram
https://www.instagram.com/zono.sann/
YouTube
https://www.youtube.com/channel/UCyrfQ_EChOeBZbLcHxdW74Q

スマホ1つで、撮れる世界は無限大
ぜんぶ教えます! ぞのさんっ動画術

2021年9月24日　初版発行

著者／ぞのさんっ

発行者／青柳　昌行

発行／株式会社KADOKAWA
〒102-8177　東京都千代田区富士見2-13-3
電話　0570-002-301(ナビダイヤル)

印刷所／凸版印刷株式会社

本書の無断複製コピー、スキャン、デジタル化等)並びに
無断複製物の譲渡及び配信は、著作権法上での例外を除き禁じられています。
また、本書を代行業者などの第三者に依頼して複製する行為は、
たとえ個人や家庭内での利用であっても一切認められておりません。

●お問い合わせ
https://www.kadokawa.co.jp/ (「お問い合わせ」へお進みください)
※内容によっては、お答えできない場合があります。
※サポートは日本国内のみとさせていただきます。
※Japanese text only

定価はカバーに表示してあります。

©Zonosann 2021　Printed in Japan
ISBN 978-4-04-605437-1　C0070

きみが次に好きなもの。

おもしろ動画やグルメ、かわいいペットや子ども、お気に入りのスポーツや興味のある学び──。TikTokには豊富なジャンルの動画が揃っており、新たなトレンドが生まれる場にもなっています。本書を読んだら、さっそくスマホを開き、自分の好きな動画を見つけてみよう。

ショートムービーであなたの思いは伝わる

TikTokは、世界中で幅広い層に人気のショートムービープラットフォーム。「表現したい」というあなたのうちに秘めた思いは、たとえどんなジャンルでもTikTokに投稿した瞬間から世界中に拡散されます。あなたも、TikTokでショートムービーを作ってみませんか。

KADOKAWAとTikTokは
あなたの表現したい気持ちを応援します

本書はKADOKAWAとTikTokの取り組みで生まれました。

さあ、あなただけの動画を撮ってみよう

♪ TikTok

https://www.tiktok.com　登録・利用無料